青藏地区生命发现之旅专题丛书

滇藏线动植物与生态环境图集

主编 刘虹 杨楠 罗琳

WUHAN UNIVERSITY PRESS
武汉大学出版社

图书在版编目(CIP)数据

滇藏线动植物与生态环境图集/刘虹,杨楠,罗琳主编.—武汉:武汉大学出版社,2021.9
青藏地区生命发现之旅专题丛书
ISBN 978-7-307-22103-1

Ⅰ.滇…　Ⅱ.①刘…　②杨…　③罗…　Ⅲ.①野生动物—云南—图集　②野生动物—西藏—图集　③野生植物—云南—图集　④野生植物—西藏—图集　Ⅳ.①Q958.52-64　②Q948.52-64

中国版本图书馆 CIP 数据核字(2020)第 272917 号

责任编辑:孙　丽　杨赛君　　责任校对:邓　瑶　　装帧设计:范　英

出版发行:**武汉大学出版社**　　(430072　武昌　珞珈山)
　　　　　(电子邮箱:whu_publish@163.com　网址:www.stmpress.cn)
印刷:武汉市金港彩印有限公司
开本:880×1230　1/16　印张:15　字数:400 千字　插页:2
版次:2021 年 9 月第 1 版　　2021 年 9 月第 1 次印刷
ISBN 978-7-307-22103-1　　定价:298.00 元

青藏地区生命发现之旅专题丛书编委会

《滇藏线动植物与生态环境图集》编委会

青藏地区生命发现之旅专题丛书

建 设 单 位

（排名不分先后）

中南民族大学

西藏大学

中央民族大学

西南民族大学

西北民族大学

武汉大学

重庆大学

华中科技大学

北京联合大学

北京林业大学

塔里木大学

江汉大学

台州学院

北方民族大学

青藏地区生命发现之旅专题丛书

支 持 单 位

（排名不分先后）

西藏自治区林业和草原局

农业农村部食物与营养发展研究所

国家林业和草原局中南调查规划设计院

国家新闻出版署出版融合发展（武汉）重点实验室

甘肃华羚乳品集团中国牦牛乳研究所

西藏自治区科技信息研究所

中国科学院武汉植物园

北京中科科普促进中心

湖北探路者车友会

湖北省水果湖第二中学

中国科学院动物研究所

青藏地区生命发现之旅专题丛书项目资助

中南民族大学生物技术国家民委综合重点实验室建设专项

中南民族大学生物学博士点建设专项

中南民族大学中央科研业务费民族地区特色植物资源调查与综合利用专项

西藏大学生态学一流建设专项

序

　　提起青藏高原，首先让人想到的就是耳熟能详的"世界屋脊""第三极"的称呼。未去过的人，神往那里的蓝天白云、雪山圣湖、美丽的高原以及神奇的传说；去过的人，在感叹于大自然的神奇与严酷的同时，回味于那一段难忘的经历与考验，惊叹于在生命禁区中诞生的灿烂的民族文化。

　　随着"一带一路"倡议的提出，青藏地区作为历史上"南方丝绸之路""唐蕃古道""茶马古道"的重要组成部分以及中国与南亚诸国交往的重要门户，面临着前所未有的发展机遇，其作为南亚贸易陆路大通道，已成为"一带一路"重要组成部分。新时代的青藏地区正焕发着前所未有的魅力。正是在一代又一代建设者的努力下，青藏地区交通设施日趋完善，去青藏高原不再是大多数人不可触及的梦，越来越多的人或乘飞机，或坐火车，或自驾，从四面八方奔向青藏高原，宛若当年荒漠中丝绸之路繁荣的再现，只不过那是大漠的传说，这是荒原的传奇。编者们自2011年从滇藏线进藏伊始，历经近7年，于2018年8月终于完成了对所有进藏路线的考察。其间，恰逢第二次青藏高原综合科学考察研究启动，在这7年里，科考团队深刻地感受到国家政策扶持与社会经济的发展给青藏高原带来的巨大变化。一路走来，高山反应很可怕，这更让人敬佩在这种严酷环境下建设者们和科学工作者们坚守岗位、献身科学的精神，让人感受到他们的可亲与可敬。

　　编写这套丛书的目的在于，考察和介绍进入青藏高原主要交通线沿途的野生动植物和生态环境，让读者了解不一样的大自然，感受生命的魅力，从而传递生命之美。在一定程度上，青藏高原的魅力，正是在于"生命禁区"这一严酷的称呼。在生物学家眼里，这里是野生动植物的天堂。人类因资源而生，社会因资源而兴。千百年旷寂的高原因丰富的动植物资源变得生动而鲜活，文化因独具特色的资源变得鲜明而有特点。出版此套丛书，是希望人们的进藏之旅不仅仅是体验之旅、探险之旅、探索之旅，更是一次文化之旅和生态之旅。习近平总书记在哈萨克斯坦纳扎尔巴耶夫大学发表演讲并回答学生们的问题，在谈到环境保护问题时，他指出："我们既要绿水青山，也要金山银山。宁要绿水青山，不要金山银山，而且绿水青山就是金山银山。"（《习近平总书记系列重要讲话读本》）同时习近平总书记也强调，"保护好青藏高原生态就是对中华民族生存和发展的最大贡献"，保护好"世界上最后一方净土"，保护好"雪域高原的一草一木、山山水水"。（中国西藏新闻网《坚定不移建设美丽西藏 守护好"世界上最后一方净土"》）希望大家在体验大自然神奇的同时，了解青藏，爱护青藏。

特为序。

编 者
2019年3月

前　言

　　滇藏线，一条集险、奇、美于一身的入藏通道。昔日"一趟滇藏茶马古道线，一段天险路"；如今"地狱般的滇藏公路，却拥有天堂般的美景"。

　　滇藏公路是一条连接云南省昆明市与西藏自治区首府拉萨的公路，是继川藏公路和青藏公路后又一条进入青藏高原地区的重要公路。滇藏线现有南、北两条线路，2021年5月滇藏高级公路还在修建中。目前滇藏北线全长约2400千米，于1973年10月竣工通车，始于昆明，伴随着苍山雪与洱海月，经过大理和丽江，穿过横断山区的原始森林，横跨金沙江，穿越巴哈雪山，经香格里拉到达西藏境内芒康，与川藏南线（318国道）会合，直通"日光城"拉萨。整个滇藏北线海拔4000米以上的路段有39千米，海拔3000～4000米的路段有239千米；全线大型桥梁4座，隧道3处，中小型桥梁112座，涵洞1764座，挡墙16.9万立方米。滇藏南线也始于昆明，经大理转走大保高速公路至金厂岭，途经云龙、泸水、福贡和贡山，进入西藏境内察隅县，与川藏南线会合。曾经的茶马古道让这条路线繁华一时。本书主要介绍滇藏北线（正文所述滇藏线均为滇藏北线），其为茶马古道主路线，更是现今的热门旅游路线。同时，本书也简单介绍了滇藏南线。

　　茶马古道兴自唐朝，是以茶马贸易为主的通道，跨越世界上海拔最高的地区，并穿越多个少数民族地区，是我国历史上海拔最高的贸易通道，也是我国西部地区不同民族、宗教、文化交流的纽带，因此成为我国文化遗产的重要组成部分。茶马古道在为人类的物资交换提供通道的同时，也促进了不同地区、不同民族之间的文化交流，是我国西部地区一条横跨"世界屋脊"的文化传播纽带，也是我国众多的珍贵文化遗产之一，其包含的历史价值和文化价值无可替代。南诏与吐蕃的交通路线与今滇藏北线大致相同，茶马古道在云南境内的起点就是唐朝时期南诏政权首府所在地大理，而大理、丽江、香格里拉、德钦等地是茶马贸易十分重要的枢纽和市场。多年来，来往于茶马古道上的马帮商队，用茶马互市，创造了滇藏地区独特的马帮文化。在现代交通发达的今天，马帮文化虽然已经逐渐淡出人们的视线，但人们对西藏的关注，却体现了现代都市人群对自然和人类自身探索的渴望。

滇藏北线始于昆明，经大理的下关北上，进入玉龙雪山、哈巴雪山，在峡谷中盘旋前进，山下层层林海，山顶终年积雪，景色壮丽。公路跨越金沙江"继红大桥"时，东面不远处是深达3000米的虎跳峡，雄伟壮观；西面是长江第一湾，可远远眺望江水静静流进虎跳峡。金沙江、澜沧江、怒江由北向南流经横断山脉的迪庆藏族自治州，沿途峡谷纵横深邃，雪峰连绵，草原辽阔，原始森林、高山湖泊星罗棋布，自然景观优美，民族风情独特。驾车穿越白马雪山，可在短短三四个小时之内经历山地亚热带、暖温带、中温带、寒温带、寒带逐次过渡的立体垂直气候，感受"一山有四季，隔里不同天"。从香格里拉经纳帕海到达云南境内最后一个重镇——德钦，这里有云南境内最壮观的雪山群——梅里雪山，山脉绵延达数百里，其中海拔6000米以上的"太子十三峰"更是各显风姿。主峰卡瓦格博峰海拔6740米，是云南的最高峰。

滇藏公路西藏段的第一个城镇——盐井，澜沧江水流经此处便变成红色，与红色的山坡、绿色的梯田构成一幅美丽的图画。这里的扎古西峡谷是典型的喀斯特地貌，峡谷悬崖落差大，有"十里一线天"的美誉。红拉山自然保护区（现更名为芒康滇金丝猴国家级自然保护区），南邻滇西北的云岭山脉，海拔3500～4500米，巍巍横断山脉，纵横南北。由于这一带地形复杂，海拔差异明显，山高、谷深、水急，自然景色有明显的垂直地带规律。从海拔2300米至4448米，沿214国道，可饱览别具一格的立体自然景观，不同海拔地区分布着不同植被。这里既是植物的天堂，也是研究动植物的基因库。

滇藏线上，巍峨的雪山、美丽的花海、丰富的珍稀动植物、壮丽的白水台、独特的民族风情，还有奇特壮观的横断山脉，形成了险、秀、奇、幽、奥、旷等特色。本书旨在为读者展现云南及西藏境内各民族的文化习俗，奇特壮丽的自然景观，生动多彩的野生动植物，让读者深入了解滇藏地区，感受大自然的匠心巨作。

编　者
2021年8月

走进滇藏线

目 录
Contents

青藏高原概述

青藏高原是中国最大、世界海拔最高的高原，被称为"世界屋脊""第三极"，南起喜马拉雅山脉南缘，北至昆仑山、阿尔金山和祁连山北缘，西部为帕米尔高原和喀喇昆仑山脉，东及东北部与秦岭山脉西段和黄土高原相接，介于北纬26°00′～39°47′、东经73°19′～104°47′。

青藏高原东西长约2800千米，南北宽300～1500千米，总面积约250万平方千米，地形上可分为藏北高原、藏南谷地、柴达木盆地、祁连山地、青海高原和川藏高山峡谷区6个部分，包括中国西藏全部和青海、新疆、甘肃、四川、云南的部分，以及不丹、尼泊尔、印度、巴基斯坦、阿富汗、塔吉克斯坦、吉尔吉斯斯坦的部分或全部。

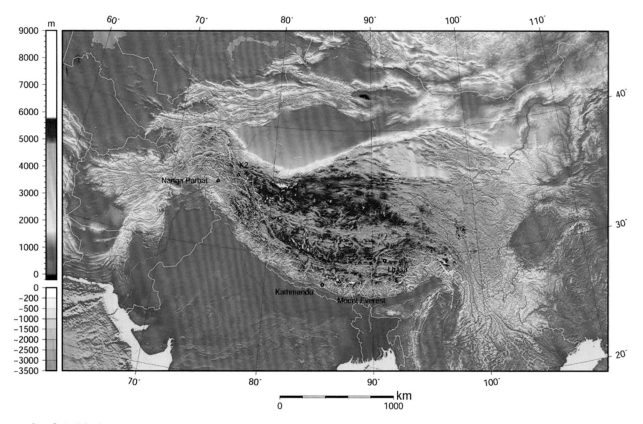

1.气候特征

（1）总体特点

青藏高原气候总体特点：辐射强，日照多，气温低，积温少，气温随高度和纬度的升高而降低，气温日较差大；干湿分明，多夜雨；冬季干冷漫长，大风多；夏季温凉多雨，冰雹多。

青藏高原年平均气温由东南的20℃，向西北递减至﹣6℃以下。由于南部海洋暖湿气流受多重高山阻留，年降水量相应由2000毫米递减至50毫米以下。喜马拉雅山脉北翼年降水量不足600毫米，而南翼为亚热带及热带北缘山地森林气候，最热月平均气温18～25℃，年降水量1000～4000毫米。而昆仑山中西段南翼属高寒半荒漠和荒漠气候，最暖月平均气温4～6℃，年降水量20～100毫米。日照充足，年太阳辐射总量140～180千卡/平方厘米，年日照总时数2500～3200小时。青藏高原和我国其他地区相比冰雹日数最多，一年一般有15～30天，其中西藏那曲甚至高达53天。

（2）气候分区

青藏高原可分为喜马拉雅山南翼热带山地湿润气候地区、青藏高原南翼亚热带湿润气候地区、藏东南温带湿润高原季风气候地区、雅鲁藏布江中游（即三江河谷、喜马拉雅山南翼部分地区）温带半湿润高原季风气候地区、藏南温带半干旱高原季风气候地区、那曲亚寒带半湿润高原季风气候地区、羌塘亚寒带半干旱高原气候地区、阿里温带干旱高原季风气候地区、阿里亚寒带干旱气候地区、昆仑寒带干旱高原气候地区等10个气候区。

（3）产生的影响

青藏高原是北半球气候的启张器和调节器。该区的气候变化不仅直接引发中国东部和西南部气候的变化，而且对北半球气候具有巨大的影响，甚至对全球的气候变化也具有明显的调节作用。

姚檀栋院士在接受中国科学报记者采访时强调，在全球持续变暖条件下，喜马拉雅地区冰川萎缩可能会进一步加剧，而帕米尔地区冰川扩展会进一步出现。冰川变化的潜在影响是，将使大河水源补给不可持续且地质灾害加剧，如冰湖扩张、冰湖溃决、洪涝等，这将影响其下游地区人类的生存环境。姚檀栋院士进一步指出，青藏高原及周边地区拥有除极地地区之外最多数量的冰川，这些冰川位于许多著名亚洲河流的源头，并正经历大规模萎缩，这将对该区域大江大河的流量产生巨大影响。

2. 地貌特征

青藏高原密布高山大川，地势险峻多变，地形复杂，其平均海拔远远超过同纬度周边地区。青藏高原各处高山参差不齐，落差极大，海拔4000米以上的地区占青海全省面积的60.93%，占西藏全区面积的86.1%。区内有世界第一高峰珠穆朗玛峰，也有海拔仅1503米的金沙江；喜马拉雅山平均海拔在6000米左右，而雅鲁藏布江河谷平原海拔仅3000米。总体来说，青藏高原地势呈西高东低的特点。相对高原边缘区的起伏不平，高原内部反而存在一个起伏度较低的区域。

青藏高原是一个巨大的山脉体系，由山系和高原面组成。由于高原在形成过程中受到重力和外部引力的影响，因此高原面发生了不同程度的变形，使整个高原的地势呈现出由西北向东南倾斜的趋势。高原面的边缘被切割形成青藏高原的低海拔地区，山、谷及河流相间，地形破碎。

青藏高原边缘区存在一个巨大的高山山脉系列，根据走向可分为东西向和南北向。东西向山脉占据了青藏高原大部分地区，是主要的山脉类型（从走向划分）；南北向山脉主要分布在高原的东南部及横断山区附近。这两组山脉组成了地貌骨架，控制着高原地貌的基本格局。东北向山脉平均海拔普遍偏高，除祁连山山顶海拔为

4500～5500米之外，昆仑山、巴颜喀拉山、喀喇昆仑山等山顶海拔均在6000米以上。许多次一级的山脉也间杂其中。两组山脉之间有平行峡谷地貌，还分布有大量的宽谷、盆地和湖泊。

青藏高原分布着世界中低纬度地区面积最大、范围最广的多年冻土区，占中国冻土面积的70%。其中青南（青海南部）—藏北（西藏北部）冻土区又是整个高原分布范围最为广泛的，约占青藏高原冻土区总面积的57.1%。除多年冻土之外，青藏高原在海拔较低区域内还分布有季节性冻土，即冻土随季节的变化而变化，冻结、融化交替出现，呈现出一系列融冻地貌类型。另外，青藏高原也广泛分布着冰川。

川藏线	青藏线
新藏线	滇藏线

3. 动物资源

在低等动物方面，仅西藏有水生原生动物458种，轮虫208种，甲壳动物的鳃足类59种，昆虫20目173科1160属2340种。

据不完全统计，生长在青藏高原的动物中，陆栖脊椎动物有1047种，其中特有种有106种。在这些陆栖脊椎动物中，哺乳纲有28科206种，占全国总种数的41.3%；爬行纲有8科83种，占全国总种数的22.1%；鸟纲有63科678种，占全国总种数的54.5%；两栖纲有9科80种，占全国总种数的28.7%。在已列出的中国濒危及受威胁的1009种高等动物中，青藏高原有170种以上，已知高原上濒危及受威胁的陆栖脊椎动物有95种（中国现列出301种）。

藏羚羊｜藏野驴
黑颈鹤｜盘羊

4. 植物资源

　　青藏高原有维管束植物1500属12000种以上，占中国维管束植物总属数的50%以上，占总种数的34.3%。

　　青藏高原区的植物种类十分丰富，据粗略估计种子植物约10000种，即使把喜马拉雅山南翼地区除外也有8000种之多。但是高原内部的生态条件悬殊，植物种类数量的区域变化也十分显著。如高原东南部的横断山区，自山麓河谷至高山顶部具有从山地亚热带至高山寒冻风化带的各种类型的植被，是世界上高山植物区系植物种类最丰富的区域，植物种类在5000种以上。

　　而在高原腹地，植物种类急剧减少，如羌塘高原具有的种子植物不及400种，再进到高原西北的昆仑山区，生态条件更加严酷，植物种类也只有百余种。可见，整个高原地区植物种类分布特点是东南多、西北少，沿东南向西北呈现出明显递减的变化趋势。

多刺绿绒蒿 ｜ 唐古特虎耳草

西藏风毛菊 ｜ 长鞭红景天

五条主要进藏公路简介

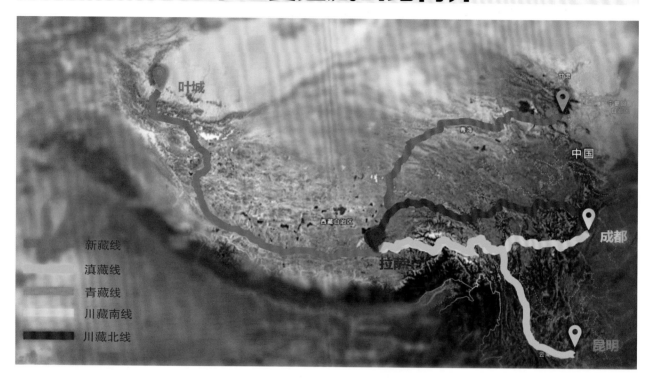

新藏线
滇藏线
青藏线
川藏南线
川藏北线

1.川藏南线

（1）概况

起点是四川省成都市，终点是西藏自治区拉萨市。全程走318国道，其间交会108国道、214国道。

川藏南线于1958年正式通车，从雅安起与108国道分道，向西翻越二郎山，沿途越过大渡河、雅砻江、金沙江、澜沧江、怒江上游，经雅江、理塘、巴塘过竹巴笼金沙江大桥入藏，再经芒康、左贡、邦达、八宿、然乌、波密、林芝、墨竹工卡、达孜抵拉萨。相对川藏北线而言，川藏南线所经过的地方多为人口相对密集的地区。沿线都为高山峡谷，风景秀丽，尤其是被称为"西藏江南"的林芝地区。但南线的通麦一带山体较为疏松，极易发生泥石流和塌方。

川藏南线沿途有海拔标识的最高海拔4700米，有"世界高城"之称的理塘。南线成都至雅安段由川西平原向盆地低丘行进，全程高速公路。雅安至康定段处于川西高原，即青藏高原东南低缘，特别是在雅安天全县境内曾有"川藏公路第一险"之称的二郎山，地势逐步抬升，山河走势沿南北线呈纵向分布，公路基本是越山再沿河，再越山再沿河往西挺进。二郎山海拔3500米左右，越山后，泸定至康定间的瓦斯河一段，雨季时柏油路面常被漫涨的河水或淹没或冲毁，时有泥石流发生。出康定即翻越山口海拔4298米的折多山。此山是地理分界线，西面为高原隆起地带，有雅砻江；东面为高山峡谷地带，有大渡河。折多山是传统的藏汉分野线，此山两侧的人口分布、生产、生活状态等都有较显著的差异。大渡河流域在民族、文化形态等方面处于过渡地带，主要分布着有"嘉绒"之称的藏族支系。其地域往北可至四川省阿坝州的大小金川一带。折多山以东属亚热带季风气候，基本处于华西丰雨屏带中，植被茂密，夏季多雨，冬季多雪，地表水及河流对山体和路基的冲蚀和切割作用明显；折多山以西属亚寒带季风气候与高原大陆性气候的交会区，气候温和偏寒，亦多降雨，缓坡为草，低谷为林，且多雪峰及高山湖泊。折多山至巴塘一段海拔4000米左右，由东往西有剪子弯山、高尔寺山、海子山等平缓高山。理塘是川藏南线重要的分路点，往北可抵新龙和甘孜，往南则抵稻城、乡城、得荣等地。宽阔平坦的理塘地处毛垭大草原，是川藏南线平均海拔最高的县，号称"世界高城"。巴塘往西逐渐进入金沙江东岸谷地，地宽而略低，是藏族传统的优良农区。但巴塘地处地质板块的吻合带，常有地震发生。过竹巴笼金沙江大桥后，川藏线进入著名的南北纵向横断山脉三山三江地带。公路由此进入长达800余千米的，不断上升的"漕沟状地质破碎路段"。西藏波密至排龙一段，雨季时肆虐的泥石流及山体滑坡令大地几成"蠕动状"，其威力足以使车行此地的人胆战心惊，直至翻过西藏林芝县境内的色季拉山口。此线有盘不完的山，蹚不完的河。川藏线上几乎所有的天险都集中在这一段。色季拉山口特别是林芝后，全为高等级公路，直到拉萨。

（2）全程

成都→147千米→雅安→168千米→泸定→49千米→康定→75千米→新都桥→74千米→雅江→143千米→理塘县→165千米→巴塘县→36千米→竹巴笼→71千米→芒康→158千米→左贡→107千米→邦达→94千米→八宿→90千米→然乌→129千米→波密→89千米→通麦→127千米→林芝→19千米→八一→127千米→工布江达→206千米→墨竹工卡→68千米→拉萨。

2.川藏北线

（1）概况

起点是四川省成都市，终点是西藏自治区拉萨市。全程走317国道，其间交会213国道、214国道、109国道。

从成都出发北上在映秀镇往西，穿过卧龙自然保护区，翻越终年云雾缭绕的巴郎山（海拔4520米），经小金县，抵丹巴。进入甘孜后，经道孚、炉霍、甘孜、德格过岗嘎金沙江大桥入藏，再经江达、昌都、类乌齐、巴青、索县、那曲至拉萨。

相对川藏南线而言，川藏北线所过地区多为牧区（如那曲地区），海拔更高，人口更为稀少，景色更为原始、壮丽。与南线新都桥至巴塘一段相比，北线新都桥至德格一段基本是沿鲜水河、雅砻江而上，时有草场、峡谷、河水、河原等地形，不似南线那般高拔和平缓。其中，丹巴是嘉绒藏族的主要分布区，塔公草原（也称毛垭大草原）一带以风光和人文见长，道孚、炉霍等地民居冠绝康区乃至整个藏区，甘孜县河谷是康区优良的农区，而马尼干戈、新路海、雀儿山一带自然风光优美，德格是整个藏区的文化中心。

川藏北线沿途最高点是海拔4916米的雀儿山，景色奇丽，冰峰雪山美若云中仙子。石渠有康区最美的草原，如由石渠进入青海玉树州，经玛多、温泉，可直达青海省首府西宁或青海湖。沿途高原湖泊、雪山、温泉密布，极少有旅游者涉足，是备受越野探险者推崇的绝佳线路。

（2）全程

成都→383千米→丹巴→160千米→道孚→72千米→炉霍→97千米→甘孜→95千米→马尼干戈→112千米→德格→24千米→金沙江大桥→85千米→江达→228千米→昌都→290千米→丁青→196千米→巴青→260千米→那曲→164千米→当雄→153千米→拉萨。

3.青藏线

（1）概况

起点是青海省西宁市，终点是西藏自治区拉萨市。全程走109国道，其间交会317国道、318国道。

青藏公路于1950年动工，1954年通车，是世界上海拔最高、线路最长的柏油公路，也是目前通往西藏里程较短、路况最好且最安全的公路。沿途风景优美，可看到草原、盐湖、戈壁、高山、荒漠等景观。一年四季通车，是五条进藏路线中最繁忙的公路，司机长时间开车易疲劳，因此交通事故也多。沿途不时会看到翻在路基下的货车，所以走青藏线要特别小心。

青藏公路为国家二级公路干线，路基宽10米，坡度小于7%，最小半径125米，最大行车速度60千米/小时，全线平均海拔在4000米以上。登上昆仑山后高原面是古老的湖盆地貌类型，起伏平缓，共修建涵洞474座、桥梁60多座，总长1347千米。

（2）全程

西宁→123千米→倒淌河→196千米→茶卡→484千米→格尔木→269千米→五道梁→150千米→沱沱河→91千米→雁石坪→100千米→唐古拉山口→89千米→安多→138千米→那曲→164千米→当雄→75千米→羊八井→78千米→拉萨。

4.滇藏线

（1）概况

滇藏线前段走214国道，在芒康与川藏南线（318国道）相接。

滇藏公路的一条支线，是由昆明市经下关、大理、香格里拉、德钦、盐井，到川藏公路的芒康，然后转为西行到昌都或经八一到拉萨。滇藏公路起点为云南省昆明市。昆明至芒康段，交通需要多站转驳，通过白族、纳西族、藏族等多个少数民族地区，民族风情浓郁。横贯横断山脉的滇藏公路，被金沙江、澜沧江、怒江分割，而玉龙雪山、哈巴雪山、白马雪山、太子雪山及梅里雪山相隔，还需穿过长江第一湾、虎跳峡等天然屏障。

（2）全程

昆明→418千米→大理→220千米→丽江→174千米→香格里拉→186千米→德钦→103千米→盐井→158千米→芒康→158千米→左贡→107千米→邦达→94千米→八宿→90千米→然乌→129千米→波密→89千米→通麦→127千米→林芝→19千米→八一→127千米→工布江达→206千米→墨竹工卡→68千米→拉萨。

5.新藏线

（1）概况

起点是新疆维吾尔自治区叶城县，终点是西藏自治区拉萨市。全程走219国道，在拉孜县转318国道到达拉萨市。

"行车新藏线，不亚蜀道难。库地达坂险，犹似鬼门关；麻扎达坂尖，陡升五千三；黑卡达坂旋，九十九道弯；界山达坂弯，伸手可摸天。"这段顺口溜在一定程度上反映了新藏线的路况。

在一代代建设者们的努力下，曾经的天路已不再遥不可及：以前颠簸不已的土路现在基本为柏油路，以前给养补充都很困难的无人区路段现在沿路加油、吃饭都已不成问题。

虽然新藏线路况和设施都已经有了极大的改善，但自然环境没有变，仍然充满了挑战。新藏公路在海拔4000米以上的路段有915千米，海拔5000米以上的路段有130千米，真可谓世界上海拔最高的公路了；再有，从喀什出发，海拔只有900多米，到西藏和新疆分界线的界山达坂海拔达5347米，高差近4500米；而且，新藏公路沿线多是空旷的无人区，给人以荒凉之感。此线路是对人的身体承受能力极限的挑战，是对人毅力的最大考验。不过也正因为如此，这段人烟稀少的路线一直保持着原始风貌，而且沿线风光秀丽，喜马拉雅山巍然耸立，吸引了不少探险爱好者。

（2）全程

叶城→243千米→麻扎→180千米→神岔口→183千米→铁隆滩→98千米→界山达坂→172千米→多玛→113千米→日土→117千米→噶尔（狮泉河）→300千米→门士→2千米→马攸木拉→236千米→仲巴→206千米→萨嘎→58千米→22道班→182千米→昂仁→53千米→拉孜→157千米→日喀则→213千米→曲水→49千米→堆龙德庆→11千米→拉萨。

新藏线是最具挑战性的一条进藏路线，沿途有神山圣湖的美景，有古格王国的神秘，有喀喇昆仑山的庄严，走一次新藏线会让人回味一生。

滇　藏　线

1.来源概述

继川藏公路和青藏公路后，1973年10月，进入青藏高原地区的又一条重要公路——滇藏公路竣工通车。滇藏公路（前段属214国道）南起滇西景洪，穿过横断山区原始森林，横跨金沙江，在芒康与川藏南线（属318国道）相接，经西藏芒康、左贡、昌都、类乌齐至青藏界多普玛，在西藏自治区境内有803千米。

作为新一轮西部大开发重要支撑的滇藏新通道（新滇藏公路），其建设正在如火如荼地进行中，目前滇藏新通道（怒江段）已纳入西藏自治区规划。滇藏新通道（怒江段）建成后，由滇入藏路程将缩短三分之一即数百千米。升级改造后的滇藏新通道大部分路段处于怒江低海拔地区，平均海拔2000～3000米，可保证车辆常年通行，交通运输保障能力将显著提升。

滇藏线，一般是指从昆明出发，沿214国道，经过古城大理、锦绣丽江、人间天堂香格里拉等地后，到达芒康，与318国道的川藏南线相会合并直通拉萨的一条景观大道。

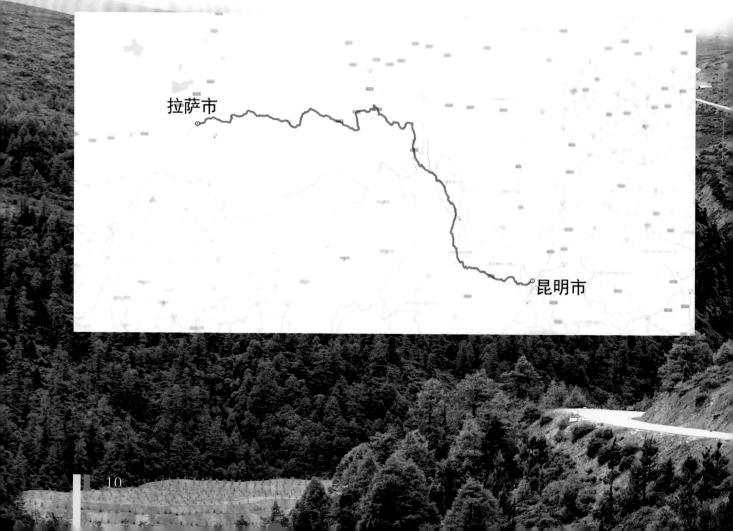

2.线路特点

　　滇藏公路全长约2400千米，起落不算太大，海拔4000米以上的路段有39千米，海拔3000～4000米的路段有239千米。这些路段不仅有雪山峡岩、隧道大桥，而且空气稀薄，气候严寒。沿途风景则有苍山、洱海（大理）、纳西古城（丽江）、香格里拉，还有奇特壮观的横断山脉。滇藏线是云南至西藏的主要通道，茶马古道的古城（如丽江、大理）和消失的马帮文化都汇聚在滇藏线上。

　　滇藏线处于中缅、中印、滇藏接合部，途经中国生物资源、旅游资源和民族文化资源极为丰富的地区。滇藏线上，有雪山、冰川、原始森林、草原和奔流的大江大河，一路景色壮丽，是最浪漫的进藏路，每一处都是风景，每一段都颇有吸引力。

214国道穿越白马雪山，驾车从香格里拉出发，可在短短三四个小时之内经历山地亚热带、暖温带、中温带、寒温带、寒带逐次过渡的立体垂直气候，感受"一山有四季，隔里不同天"。滇藏公路的白马雪山段最高海拔4290米，是云南省海拔最高的公路。公路边设有白马雪山观景台，能全方位观赏雪山的美景。

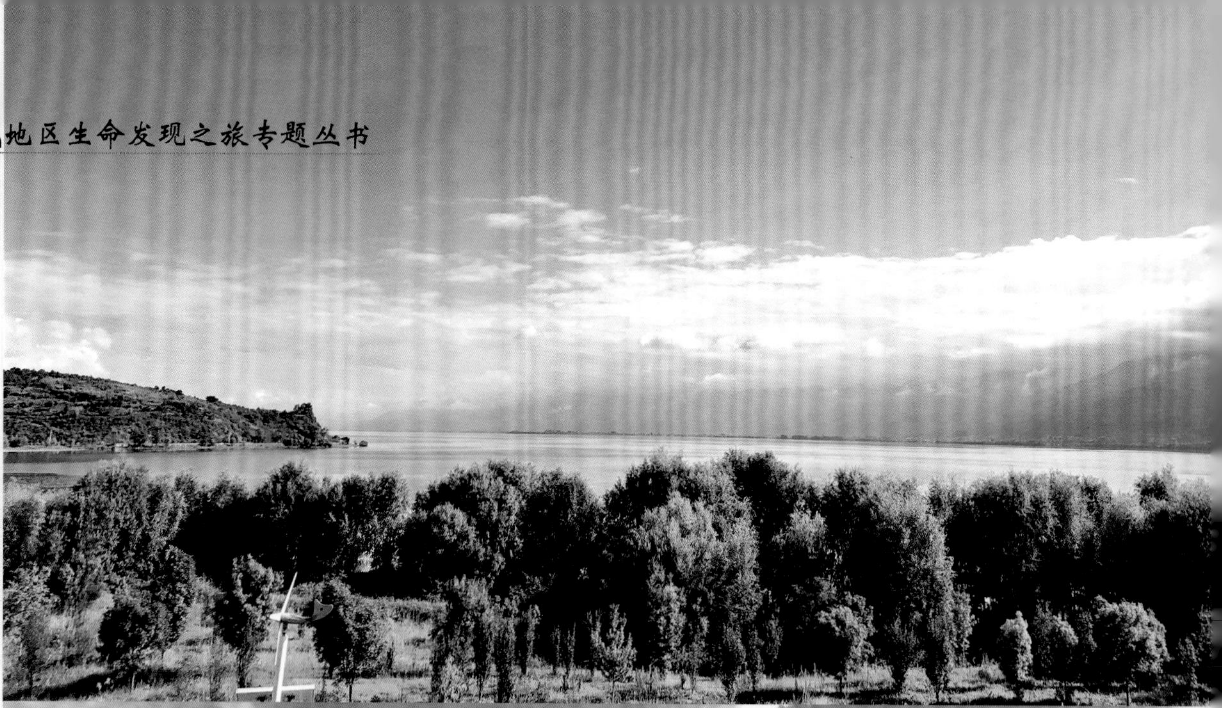

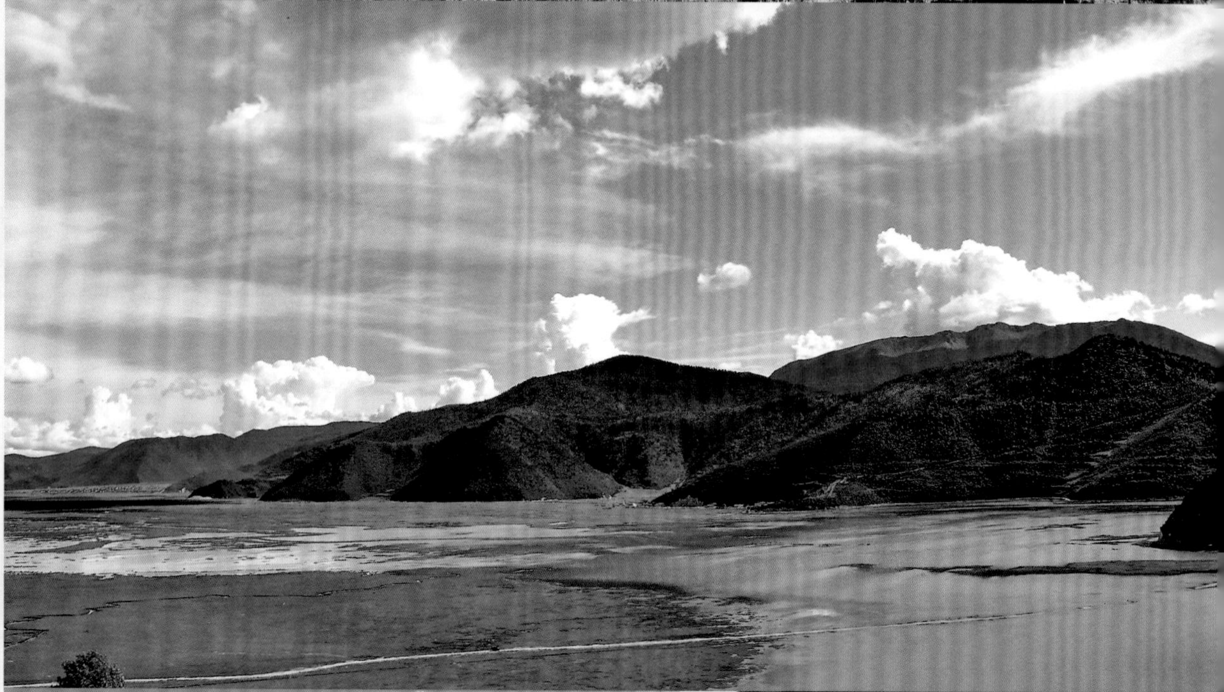

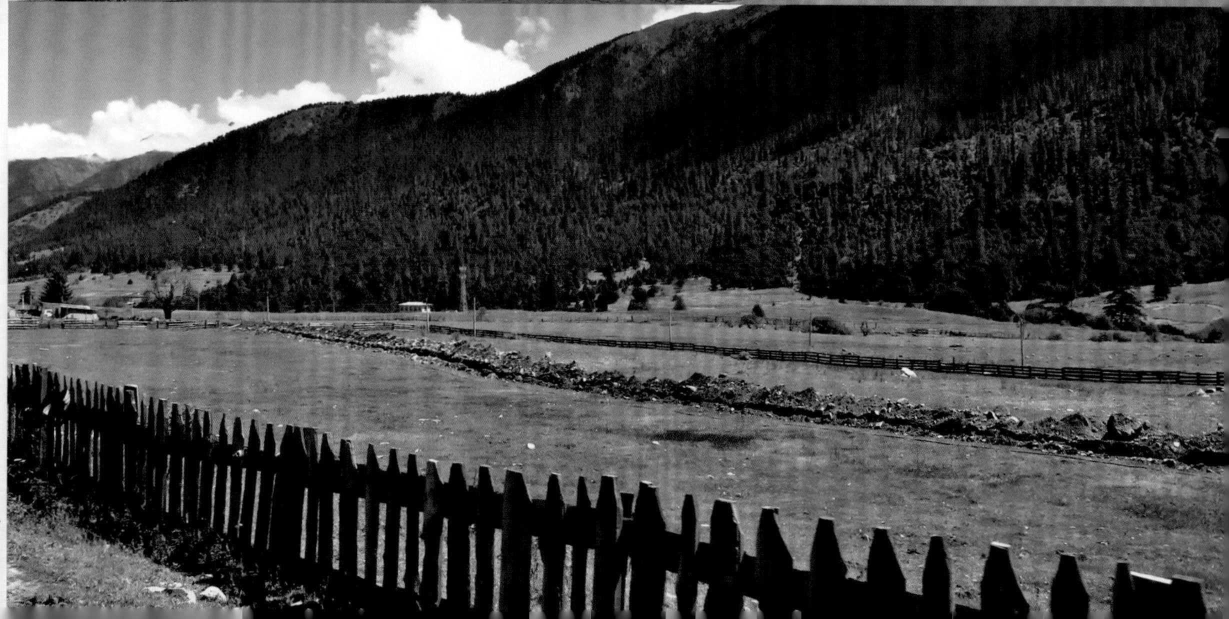

3.沿途风景

　　滇藏线沿途风景：苍山、洱海、大理古城、崇圣寺三塔、剑湖、洱源西湖、上关花、蝴蝶泉、玉龙雪山、老君山景区、丽江古城、泸沽湖、拉市海、长江第一湾、虎跳峡、哈巴雪山、普达措、梅里雪山、盐井盐田、拉姆央措湖、依拉草原、白马雪山、松赞林寺等。

4.海拔特点

滇藏线大部分路段处于低海拔地区，平均海拔2500米。进入芒康后海拔有所升高，部分地区海拔约4000米。

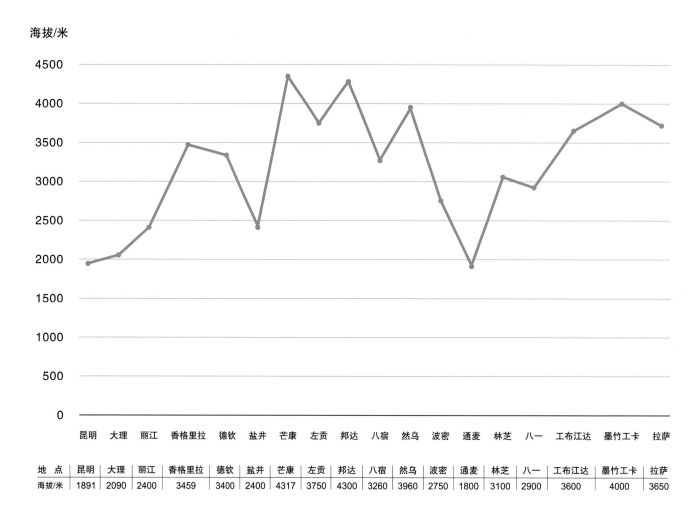

海拔/米

地 点	昆明	大理	丽江	香格里拉	德钦	盐井	芒康	左贡	邦达	八宿	然乌	波密	通麦	林芝	八一	工布江达	墨竹工卡	拉萨
海拔/米	1891	2090	2400	3459	3400	2400	4317	3750	4300	3260	3960	2750	1800	3100	2900	3600	4000	3650

5.注意事项

滇藏公路起落差异很大，常见公路高度急降后又上升，气候也随高度变化而变化，称为"立体气候"，游客在半天的路程中便可感受四季气候。滇藏公路易受天气影响，香格里拉至芒康段在雨季时常出现塌方甚至暴发泥石流。

1976年建成通车的滇藏公路，横跨金沙江、澜沧江、怒江三大水系，沿线需翻越10余座4000米以上的雪山垭口，通行条件恶劣，季节性、时段性通车问题突出。

昆明→大理

从春城昆明出发，沿320国道行驶至大理，全程418余千米，由G56杭瑞高速前往大理可大大缩短路途，仅300余公里，途经安楚高速公路。

1.行政区域

（1）昆明

①历史沿革。

前3世纪，楚国大将庄跷率众入滇，抵滇池地区，与当地部落联盟，建立了"滇国"，自称"滇王"，其都城在今昆明市晋宁区。

618年，唐朝建立，在云南设置了九十二州。滇池地区为九十二州的主要部分。

765年，南诏国筑拓东城，为昆明建城之始。

937年，大理段氏夺取南诏政权，建立大理国，统一云南，在拓东城的基础上设鄯阐府，为大理国八府之一。

段氏统治者在鄯阐建造宫室园林，兴修水利，到大理国末期，鄯阐城已发展成为滇中一座"商工颇众"的繁华城市。

元至元十三年（1276年），赛典赤主滇后，把军事统治时期所设的万户、千户、百户改为路、府、州、县，正式建立云南行中书省。置昆明县，为中庆路治地（昆明命名即始于此），并把行政中心由大理迁到昆明。

1900年，昆明开始出现商办企业。1905年，清政府把昆明辟为商埠。1910年滇越铁路的修通，使昆明成为一个开放城市。

1919年，设云南市政公所，为昆明设市的发端。1922年，改设昆明市政公所。1928年8月1日，成立昆明市政府。1937年，抗日战争时期，外地的工厂、学校内迁，大量的资金、设备和人才流入昆明，促进了昆明经济的短暂繁荣。

1949年12月9日，卢汉率部在昆明起义，昆明宣告和平解放。

②地理环境。

◇位置：昆明市位于中国西南云贵高原中部，东经102°10′～103°40′，北纬24°23′～26°22′，南濒滇池，三面环山。昆明是中国面向东南亚、南亚乃至中东、南欧、非洲的前沿和门户，具有"东连黔桂通沿海，北经川渝进中原，南下越老达泰柬，西接缅甸连印巴"的独特优势。

◇地貌：昆明市中心海拔约1891米。拱王山马鬃岭为昆明境内最高点，海拔4247.7米，金沙江与普渡河汇合处为昆明境内最低点，海拔746米。市域地处云贵高原，总体地势北部高南部低，由北向南呈阶梯状逐渐降低，中部隆起，东西两侧较低。以湖盆岩溶高原地貌形态为主，红色山原地貌次之。大部分地区海拔为1500～2800米。

◇气候：昆明属北纬低纬度亚热带高原山地季风气候，受印度洋西南暖湿气流的影响，日照长、霜期短，年平均气温15℃，年均日照2200小时左右，无霜期240天以上。昆明四季气候的主要特点：春季温暖，干燥少雨，蒸发旺盛，日温差大。夏无酷暑，雨量集中，且多大雨、暴雨，降水量占全年的60%以上，故易发生洪涝灾害。秋季温凉，秋高气爽，降温快，雨水减少，多数地区平均气温要比春季低2℃左右，降水量比夏季减少一半以上，但多于冬、春两季，故秋旱较少见。冬无严寒，日照充足，天晴少雨，具有典型的温带气候特点。城区温度为0～29℃，年温差为全国最小，这样的气候特征全球少有，因此鲜花常年开放，草木四季常青，是著名的"春城""花城"。

③生态环境。

全市森林覆盖率为49.56%，森林蓄积量
为5800万立方米，湿地面积为604.53平方千
米；全市林业自然保护区5个（其中国家级
自然保护区1个、省级自然保护区1个、县级
自然保护区3个）、国家级森林公园4个。自
然保护区面积279平方千米，国家级森林公
园面积68.01平方千米。

④自然资源。

昆明市矿藏资源主要有磷、盐、铁、钛、煤、石英砂、黏土、硅石、铜等，以磷、盐矿最为丰富，磷矿探明
储量22.77亿吨，昆阳磷矿为全国三大磷矿之一；岩盐储量12.22亿吨，芒硝储量19.08亿吨；东川是我国六大产铜
基地之一。昆明植物资源丰富，分布着亚热带常绿阔叶林、针阔混交林、温带针叶林、高山灌丛和草甸等不同类
型的植被，有400多个传统花卉品种。近年来，大量花卉新品种在昆明广为种植。

昆明属高原红壤地区，主要有红壤土、紫色土和水稻土三种。

昆明市域界于金沙江、南盘江和元江的分水岭地带，河流分属三大水系，有滇池、阳宗海等高原淡水湖泊及
众多大小河流。多年平均地表水资源量64.95亿立方米。滇池为我国第六大淡水湖，面积约300平方千米。

昆明地热资源分布较广，出露的温泉有50多处。日照时间长，阳光充足，太阳能资源比较丰富。境内湖、
山、石、洞、泉、瀑布、花卉、古树等独具特色，极富魅力。

（2）大理

①历史沿革。

西汉元封四年（前107年）和元封六年（前105年），西汉两次派兵攻击"昆明"部落，稍后在大理地区设置叶榆、云南、邪龙、比苏四县，属益州郡管辖，从此大理地区正式纳入西汉王朝的疆域。

唐宋时期，以大理地区为中心，先后建立了南诏国和大理国。

1253年，忽必烈率军灭大理国，大理地区回归中央政权管辖。

1950年2月1日，大理专员公署正式成立。

1956年，经国务院批准，撤销大理专区，成立大理白族自治州。同年11月22日，大理白族自治州正式成立，下辖1市12县2自治县，即下关市、大理县、凤仪县、漾濞县、祥云县、宾川县、弥渡县、永平县、云龙县、邓川县、洱源县、剑川县、鹤庆县、巍山彝族自治县、永建回族自治县。

1983年，撤销下关市、大理县，合并设立大理市。

1985年，漾濞县改为漾濞彝族自治县。

2019年，大理白族自治州辖1市8县3自治县，即大理市、祥云县、宾川县、弥渡县、永平县、云龙县、洱源县、剑川县、鹤庆县、漾濞彝族自治县、南涧彝族自治县、巍山彝族回族自治县。首府驻大理市。

②地理环境。

◇位置：大理市位于中国云南省西北部，横断山脉南端，地理坐标为东经99°58′～100°27′，北纬25°25′～25°58′，是一个依山傍水的高原盆地。市域东西横距46.3千米，南北纵距59.3千米。大理市总面积1815平方千米，山地面积占70%，水域面积占15%，坝区面积占15%。大理市自古以来就是陆路连接滇西八地州和通往东南亚的交通要冲。

◇地貌：大理白族自治州地处云贵高原与横断山脉连接部位，地势西北高，东南低。地貌复杂多样，苍山以西为高山峡谷区；苍山以东、祥云以西为中山陡坡地形。境内的山脉主要属云岭山脉及怒山山脉，苍山位于州境中部，如拱似屏，巍峨挺拔。北部剑川与丽江地区兰坪交界处的雪斑山是州内最高峰，海拔4295米。最低点是云龙县怒江边的红旗坝，海拔730米。州内湖盆众多，面积共1871.49平方千米，占全州总面积的6.4%，其中面积在1.5平方千米以上的盆地有18个。盆地多为线形盆地，呈带状分布，从西向东排列为6个带。第四纪山岳冰川遗址分布于洱海以西、永平以北的高山区，大理苍山是我国最后一次冰期"大理冰期"的命名地。

◇气候：大理白族自治州地处低纬高原，在低纬度、高海拔地理条件的综合影响下，形成年温差小、四季不明显的气候特点，"四时之气，常如初春，寒止于凉，暑止于温"。全州由于地形地貌复杂，海拔高差悬殊，气候的垂直差异显著。气温随海拔增高而降低，雨量随海拔增高而增多。河谷热，坝区暖，山区凉，高山寒，立体气候明显。

◇水文：主要河流属金沙江、澜沧江、怒江、红河(元江)四大水系，有大小河流160多条，呈羽状遍布全州。州境内分布有洱海、天池、茈碧湖、洱源西湖、洱源东湖、剑湖、海西海、祥云青海湖8个湖泊。洱海位于大理市东部，是云南省第二大内陆淡水湖泊，风光明媚，素有"高原明珠"之称，为国家级重点风景名胜区。

③生态环境。

大理白族自治州2018年森林面积17337平方千米，森林覆盖率58.85%，森林蓄积量1.1376亿立方米，乔木林（不含乔木经济林）每公顷蓄积73.7立方米。全州有洱源西湖、茈碧湖、剑湖、鹤庆草海、洱海、上沧海、海西海、云龙天池8处湿地被认定为省级重要湿地，申报建设洱源西湖、鹤庆东草海国家湿地公园2个，保护面积达309平方千米；建立省、州级别的湿地类型自然保护区5处。全州已建立各种类型、不同级别自然保护区29个（其中国家级3个、省级3个、州级23个），总面积达1830平方千米，占全州土地面积的6.2%，基本形成了布局合理、类型较为齐全的自然保护区体系。截至2018年，全州已查明的物种有5315种，其中高等植物4249种，包括湿地植物606种，占全省总数的21.94%；陆生野生动物763种，其中爬行类24种，兽类98种，鸟类641种；湿地脊椎动物208种，软体动物76种，节肢动物19种。

④自然资源。

◇土地：大理白族自治州土地面积29459平方千米，其中山地占全州总面积的80%以上。现有耕地1831.61平方千米，其中，田904.58平方千米、地927.03平方千米。园地面积133.3333平方千米，是柑橘、苹果、桃、梅、梨、茶、桑等生产基地；水域面积553.3333平方千米。全州土地使用状况：林地约占60%，牧地占20%，耕地占11.2%，其他用地占8.8%。土壤类别分属于8个纲13个土类23个亚类76个土属236个土种。紫色土类占土地总面积的31.75%，红壤土占27.7%。

◇矿产：大理白族自治州境内地质成矿条件好，矿产种类较多。金属矿有锰、铁、锡、锑、铅、锌、铜、镍、钴、钨、银、金、铂、钯、钼、铝、汞等矿床、矿点200多个。已开发利用的有北衙铅矿，鹤庆锰矿，巍山、漾濞的锑矿，鹤庆、宾川的金沙矿等80多处。非金属矿有煤、岩盐、大理石、石灰石、白云岩、萤石、石英砂、砷、重晶石、石棉、石墨、石膏、滑石、膨润土、硅藻土、黏土等。已开发利用的有煤、岩盐、石灰石、大理石等。其中，大理石蕴藏极为丰富，属特大型矿床，储量达1亿立方米。

◇生物：大理白族自治州是一个天然的植物种质基因库。植物有温带甚至一些寒带地区植物的种类代表，还有从亚热带直至热带北缘的种类代表；有古老或较为原始的种类，也有后来演化、衍生的种类代表。植物区系成分及植被类型复杂，从植物角度区分，可分为南、北两部分，分界线为鸡足山、苍山和云龙一带。北部以温寒带的植物为主，南部则以亚热带的植物为主。大理白族自治州不仅是滇中、滇西北植物通道，也是世界各大洲植物汇集的地方，还蕴藏着自身孕育的植物种类。其植物既有世界范围分布的种类、各大洲分布的种类、各国尤其是邻近国家分布的种类，还有一些特殊的间断分布的种类。大理白族自治州森林资源丰富，是云南省的重点林区。植被的垂直分布明显，州境内的苍山、鸡足山从山脚到山顶分布着热带北缘至温带、高山寒带的各种植被类型和景观。州境内的主要植被类型有半湿性常绿阔叶林、寒温山地硬叶常绿栎类林、寒温性针叶林、寒温性灌丛、干热河谷灌丛、高原湖泊水生植被 6 类。大理白族自治州主要树种有云南松、华山松、铁杉、冷杉、马尾杉、思茅松、柏树、樟树、椿树、栎树等。珍稀树种有银杏、牟尼柏、罗汉松、秃杉、红豆杉、珙桐等。

经原林业部批准，大理白族自治州建立了5个国家级森林公园，即巍山彝族回族自治县巍宝山、祥云县清华洞、弥渡县东山、南涧县灵宝山、永平县宝台山。全州有国家级自然保护区3个(苍山洱海、南涧无量山、云龙县天池)。苍山现已查明的高等植物有182科927属约3000种。大理白族自治州是云南省主要的药材产区之一，以品种多、品质佳而闻名，纳入国家经营的中药材达600种。

2.沿途风景

（1）石林

　　石林风景名胜区，位于石林彝族自治县境内，距昆明市86千米，景区由大石林、小石林、乃古石林、大叠水、长湖、芝云洞、奇风洞等风景片区组成。石林彝族自治县石林总面积400平方千米，是一个以岩溶地貌为主体的在国内外知名度较高的风景名胜区，被誉为"天下第一奇观"。

（2）滇池

　　滇池位于昆明市南面的西山脚下，距市区5千米，历史上这里一直是度假、观光和避暑的胜地。滇池形似弦月，南北长39千米，东西宽13.5千米，平均宽度约8千米。湖岸线长约200千米；湖面面积300平方千米，居云南省首位，湖水最大深度8米，平均深度5米，蓄水量15.7亿立方米，是中国第六大内陆淡水湖。

（3）云南民族村

　　云南民族村位于昆明市西南郊滇池之滨的国家级旅游度假区内，是国家AAAA级旅游景区、国家民委民族文化基地、国际民间艺术节组织理事会中国委员会民间传统文化基地、国家民委全国首批民族工作联系点之一。占地面积89万平方米，距市区8千米，背靠滇池，与西山森林公园、大观公园、郑和公园等著名风景区隔水相望，是云南省新兴的旅游度假胜地和展示云南省25个少数民族历史、文化、风俗民情的窗口。

（4）大观楼

　　大观楼位于昆明市区西部，距市中心约6千米。始建于康熙年间，因其面临滇池，远望西山，尽览湖光山色而得名。进入大观公园后可游览涌月亭、凝碧堂、揽胜阁、观稼堂等楼台亭榭。园中最具观赏价值的大观楼临水而建，楼高三层，其中题匾楹联佳作颇多。由清代名士孙髯翁所作180字的长联，垂挂于大观楼临水一面的门柱两侧，号称"古今第一长联"。

（5）大叠水瀑布

　　大叠水瀑布位于石林彝族自治县城西南20千米处。大叠水瀑布又名飞龙瀑，号称"珠江第一瀑"。瀑布的水源系南盘江的支流巴江，落差88米，最大流量达150立方米/秒。有公路通至叠水电站，舍车步行两三千米便可到达。景区中群山耸立，植被丰富，满目青翠。清水河峡谷陡峭险峻，幽深古雅，处处散发着大自然的浓郁气息。

（6）翠湖

　　翠湖位于昆明市五华山西麓，占地面积234666.67平方米。堤畔遍植垂柳，柳枝拂面，湖内多种荷花，花香阵阵，有亭、台、回廊、曲桥等建筑，精巧玲珑，亭阁均有匾额、对联歌咏园中的景观。

（7）东川红土地

东川红土地被认为是全世界除巴西里约热内卢外最有气势的红土地，而其景象则比巴西红土地更为壮美。东川红土地位于昆明市东川区西南40多千米的红土地镇，这里方圆近百里是云南红土高原上最集中、最典型、最具特色的红土地。

（8）官渡古镇

历史悠久的官渡古镇位于昆明东南郊，是昆明地区著名的历史文化古镇之一。官渡古镇大门（大牌坊）位于昆明东南郊8千米处，地处滇池北岸、宝象河下游，占地17平方千米。官渡古镇文化古迹众多，人文景观丰富，在不到1.5平方千米的范围内就有唐、宋、元、明、清时期的五山、六寺、七阁、八庙等多处景观。

大理→丽江

从大理出发，走214国道，伴着苍山与洱海，途经大理古城、崇圣寺三塔、蝴蝶泉、上关花、洱源西湖、玉华水库、剑湖，到丽江城区，沿途主要地形为高原及高山峡谷。

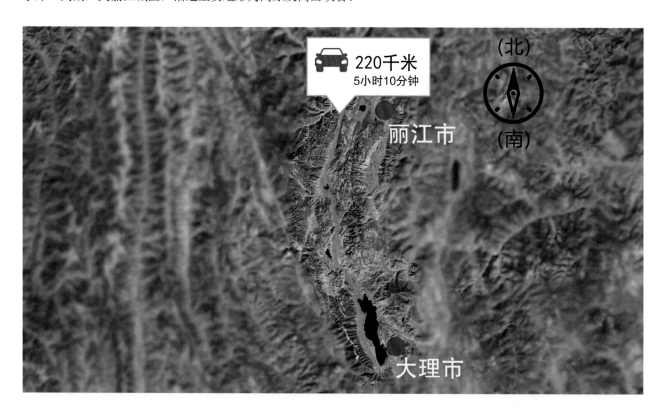

1.行政区域

丽江

①历史沿革。

南宋宝祐元年（1253年），蒙古军南征，木氏先祖阿宗阿良迎降，阿宗阿良归附元世祖忽必烈，驻军于此。

元至元十三年（1276年），茶罕章管民官改为丽江路军民总管府。丽江之名始于此。

元至元十四年（1277年），三跋管民官改为通安丽江古城州，州治在今大研古城。

明洪武十五年（1382年），通安州知州阿甲阿得归顺明朝，设丽江军民府。

清雍正二年（1724年），第一任丽江流官知府杨铋到任后，在丽江古城东北面的金虹山下新建流官知府衙门、兵营、教授署、训导署等，并环绕这些官府建筑群修筑城墙。

2002年12月26日，国务院正式批准丽江撤地设市，丽江古城的行政区划归丽江市古城区。

②地理环境。

◇位置：丽江市位于青藏高原东南缘，滇西北高原，金沙江中游。地理坐标为北纬25°23′～27°56′，东经99°23′～101°31′，东接四川凉山彝族自治州和攀枝花市，南连大理白族自治州剑川、鹤庆、宾川三县及楚雄彝族自治州大姚、永仁两县，西、北分别毗邻怒江傈僳族自治州兰坪县及迪庆藏族自治州维西县。全市总面积20600平方千米，辖古城区、玉龙纳西族自治县、永胜县、华坪县、宁蒗彝族自治县。

◇地貌：丽江市地势西北高而东南低，最高点玉龙雪山主峰，海拔5596米，最低点华坪县石龙坝乡塘坝河口，海拔1015米，最大高差4581米。玉龙山以西为横断山脉切割山地峡谷区的高山峡谷亚区，山高谷深，山势陡峻，河流深切其间。玉龙山以东属滇东盆地山原区，海拔较高，山势也较险峻。在主山脉两侧又广泛发育着东西向的沟谷，形成错综复杂的地块地貌景观，地势起伏，海拔高差悬殊。有111个大小坝子分布于山岭之间，海拔一般都在2000米以上，其中丽江坝最大，面积约200平方千米，平均海拔2466米。流经全市的金沙江以及两岸拔地而起的老君山、玉龙山、绵绵山（俗称小凉山）三大山系，构成了丽江市地形的基本经脉和骨架。老君山从北到南如屏障横列在西边，主峰海拔4247.4米；玉龙雪山终年白雪皑皑，13座山峰首尾相连，直指云天。全市海拔3500～5000米的高山有12座。海拔2500～3500米的山各县均有分布，尤以宁蒗、永胜为多。海拔2500米以下的山地广泛分布于东南部和南部。

◇气候：丽江市属低纬度暖温带高原山地季风气候。由于海拔高差悬殊，从南亚热带至高寒带气候均有分布，四季变化不大，干湿季节分明，气候的垂直差异明显，灾害性天气较多，年温差小而昼夜温差大，兼有海洋性气候和大陆性气候特征。东南、西南的迎风斜面是多雨区，背风坡面是相对干燥的少雨区，金沙江河谷干燥少雨。丽江市年平均气温12.6～19.9℃，年无霜期191～310天；年均降雨量910～1040毫米，雨季集中在6—9月；年日照时数2321～2554小时。

◇水文：丽江市境内河流分属两大流域三大水系，即长江流域的金沙江水系、雅砻江水系与澜沧江流域的黑惠江水系。其中，长江流域面积占总流域面积的98%，澜沧江流域面积占总流域面积的2%。全市共有金沙江、雅砻江、澜沧江及其支流93条，其中，流域面积在200平方千米及以上的河流有21条。境内有泸沽湖、程海及拉市海3个天然湖泊。程海位于永胜县中部的程海镇，属内陆断陷型偏碱性深水湖泊。流域面积318.3平方千米，东西宽3.5千米，南北长20千米。1981年年平均水位1518.26米，相对水面面积77平方千米。泸沽湖在宁蒗彝族自治县与四川省盐源县交界处，是云南省保持着国家Ⅰ类水质标准的高原淡水湖泊，为中国第三深的淡水湖。当地摩梭人称之为"谢纳米"，意为母亲湖泊或女神湖。湖南北长9.5千米，东西宽5.2千米，湖区集水面积224平方千米，湖泊水面面积51.8平方千米。拉市海距丽江古城区8千米。拉市海于1998年建立了云南省第一个以湿地命名的保护区，它是一个四周被高山封闭的古老的冰蚀湖，湖区是略呈椭圆形的构造盆地，东北高而西南低，南北长约12千米，东西宽约6千米，湖底高程实测2437米，流域集水面积241.1平方千米（包括吉子水库径流区25.1平方千米）。

③生态环境。

丽江市位于云贵高原与青藏高原的连接部位，地势西北高而东南低，最高点为玉龙雪山主峰，海拔一般在2000米以上，属低纬度暖温带高原山地季风气候，境内水力资源丰富，动植物种类繁多，为云南省重点林区、中国水电"西电东送"基地之一。玉龙雪山是国家级风景名胜区、省级自然保护区和旅游开发区，景区面积约263平方千米。景区内有北半球距赤道最近的现代海洋性冰川，分布着20多个保留完整的原始森林群落和59种珍稀野生动物，被誉为"冰川博物馆"和"动植物宝库"。老君山是"三江并流"的核心景区，总面积842.64平方千米，区内有独特的丹霞地貌，茂密的原始森林和种类丰富、未遭破坏的动植物群落，有种子植物79科167属280多种，其中很多是珍稀濒危植物。

④自然资源。

◇植物：丽江植物种类繁多，为中国著名的植物保护基地之一，是云南省重点林区之一。2015年，全市林业用地面积16300平方千米，森林覆盖率为66.15%，活立木蓄积量1.05亿立方米。境内有植物1.3万多种，仅种子植物就多达2988种，热带、温带、寒带植物均有分布，其中许多树种属国家珍稀植物，如云南铁杉、红豆杉、榧木、水青树等。已发现中药材2000多种，占国家药典所列品种总数的1/3以上。

◇动物：丽江动物资源丰富，共有兽类8目21科83种，占云南省兽类种数的30%；有鸟类17目46科290多种，占云南省鸟类种数的37.6%；有国家重点保护的珍稀濒危动物，如滇金丝猴、云豹、花豹、雪豹、猕猴、小熊猫及宁蒗泸沽湖特有的裂腹鱼等；拥有大量的鱼类资源，有29个鱼类品种，隶属9科12属，原生鱼类17种，年渔业产量2200吨。

◇矿产：丽江市具有独特的大地构造和多种成矿地质条件，形成了丰富多样的矿产资源，且具有地区特色。全市发现30多种矿产，350多个矿产地，1处天然气产地，几十处地热产地。煤炭储量和品质为滇西之冠，铜、花岗石等矿具有很高的开采价值。

2.沿途风景

（1）苍山洱海风景区

苍山洱海风景区由气势恢弘的苍山、秀丽的高原明珠洱海及山海之间自然与人文完美结合的田园风光构成，不仅有世界知名的崇圣寺三塔、蝴蝶泉、南诏德化碑、三月街、喜洲白族民居古建筑群等文化景观，还有丰富多样的生物景观，独特罕见的天气景观、地质景观等。

（2）大理古城

大理古城又称叶榆城、紫城，位于云南省西北部，横断山脉南端，居于苍山之下，洱海之滨，中心位置位于北纬25°41′26″，东经100°9′45″。大理古城为方形城池，每边长约1.5千米，城区总面积约3平方千米。古城四周有城墙，城墙内层为夯土，外披石块、大砖各一层，城设四门及四门楼。自明代建城以来历经600多年，古城的规模、布局基本无大的改变。城内街道纵横，交错有致，为典型的棋盘式布局。城内保存了大量的明、清时期和民国时期的建筑，如武庙、杜文秀帅府、西云书院、大理府考试院、城隍庙、清真寺、天主教堂、基督教堂等。大理古城现已成为大理旅游发展的核心景点。

（3）崇圣寺

崇圣寺，东对洱海，西靠苍山，位于云南省大理古城北约1千米处，点苍山麓，洱海之滨。崇圣寺曾以五大重器（三塔、南诏建极大钟、雨铜观音像、三圣金像、"佛都"匾）闻名于世。其所属的崇圣寺三塔文化旅游区为国家AAAAA级旅游景区。

（4）喜洲白族民居古建筑群

喜洲镇位于大理古城北17千米处，下辖的喜洲村为大理坝子中较大的一个白族自然村。喜洲以四方街为中心，北至田庄宾馆，南至富春里、彩云街、染衣巷，西至市上街中段，东至镇东公路东侧的两院保护民居。约173200平方米的面积内，集合了大部分重点保护民居，包括被列为国家重点文物保护单位的严、董、杨三家大院。喜洲白族民居建筑有88院，有各个历史时期的著名民居建筑，如明朝的杨士云"七尺书楼"，清朝的赵廷俊大院，民国时期的严子珍大院、董澄农大院、杨品相大院、尹隆举大院等。七尺书楼，建于1526年前后，原是杨士云读书的小楼。整座建筑仍保存着明朝建筑风格。严家大院，为民国白族富商、喜洲商帮"永昌祥"商号创办人严子珍的宅院，位于四方街西南角，建于1907年，主体部分用了12年才完工，由4个院落组成，1936年在后院加盖了一幢独立三层西式楼房，占地面积2475平方米。董家大院，原为喜洲富商董澄农所有，建于1948年。杨家大院，建于1947年，原为杨品相所有。尹家大院，为建于1925年的尹立廷宅。

（5）蝴蝶泉

蝴蝶泉位于大理市喜洲镇周城村以北1千米处，滇藏公路西侧，苍山的云弄峰下，原名无底潭。蝴蝶泉公园内有郭沫若手书"蝴蝶泉"石碑，左侧刻有郭沫若咏蝴蝶泉诗的手迹；碑的背面，刻着徐霞客游大理蝴蝶泉的一段日记。徐霞客在其游记中记述道："泉上大树，当四月初即发花如蛱蝶，须翅栩然，与生蝶无异。又有真蝶千万，连须钩足，自树巅倒悬而下，及于泉面，缤纷络绎，五色焕然。游人俱从此月，群而观之，过五月乃已。"蝴蝶泉公园，建有蝴蝶馆、八角亭、六角亭、望海亭、月牙池、咏蝶碑、蝴蝶标本馆。

（6）洱源西湖

洱源西湖位于大理白族自治州洱源县右所镇西部的佛钟山麓，为高原平坝淡水湖，由洱源西湖、江尾、罗平山三个片区和螺蛳江游览线（三片一线）组成，总面积约80平方千米。洱源西湖生态系统极为独特，具有面山森林（灌丛）—村庄—农田—湖滨沼泽—湖泊水面—岛屿村庄的自然生态系统与人工生态系统交叉重叠的多样性特征。湿地有洱海大头鲤、灰裂腹鱼、大理裂腹鱼等特有鱼类，是许多越冬鸟类的栖息地，也是极具观赏价值的珍稀鸟类——紫水鸡在我国最大的种群分布地。

（7）剑湖

剑湖是云南重要的高原湿地之一，位于滇西北横断山脉中南段，大理白族自治州剑川县境内，紧靠县城。剑湖湿地自然保护区由剑湖、玉华水库及其周围面山流域汇水区和面山森林组成，南北长12.3千米，东西宽6.2千米，湖面海拔2186米，是云贵高原中的典型湿地，也是滇西北高原最具代表性的湿地之一。

丽江→香格里拉

　　香格里拉是云南省迪庆藏族自治州下辖市及首府所在地，历史悠久。丽江至香格里拉，经214国道，属滇藏线的一部分。从丽江古城进入香格里拉境内，一路上风景优美，自然景观雄伟、壮丽。

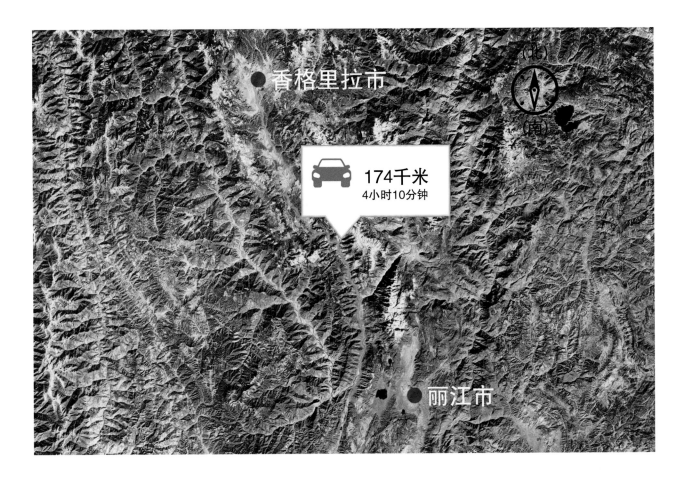

1.行政区域

香格里拉

①历史沿革。

1950年5月10日，中甸和平解放，属丽江专区。

1956年9月11日，国务院决定设置迪庆藏族自治州，自治州人民委员会驻中甸县城。

1957年9月13日，迪庆藏族自治州正式设立。

2001年12月17日，民政部批准中甸县更名为香格里拉县。

2002年，小中甸乡撤乡建镇。

2005年11月8日，云南省政府将格咱乡驻地由翁上村迁至格咱村。

2014年12月16日，香格里拉撤县设市获得国务院批准。

②地理环境。

◇位置：迪庆藏族自治州位于云南省西北部。东与四川省甘孜藏族自治州接壤，南与云南省玉龙纳西族自治县隔金沙江相望，西与怒江傈僳族自治州交界，北与西藏自治区相邻。首府设于香格里拉市建塘镇，距省会昆明市709千米。迪庆，是云南省唯一的藏族自治州，是全国十个藏族自治州之一。香格里拉市地处迪庆腹地。香格里拉市东与四川省稻城县、木里县接壤；西面、南面分别与丽江市、维西县隔金沙江相望；北与德钦县相连。

◇地貌：香格里拉地处青藏高原东南方，横断山脉三江纵谷区东部，沙鲁里山脉由四川甘孜入市境，分两支将市境东西两侧包围。香格里拉两头窄，中间宽，具有"雪山为城，金沙为池"的雄伟之势。香格里拉地形总趋势西北高、东南低，最高点为巴拉格宗，海拔5545米，最低点为洛吉吉函，海拔1503米，平均海拔3459米，地貌按形态可分为山地、高原、盆地、河谷。

◇水文：境内河流均属金沙江水系，除金沙江主干流外，境内共有大小河流244条，流域面积8065.9平方千米，分别在不同河段注入金沙江。香格里拉有高山湖泊（含冰碛湖）298个，分布在海拔3000～4500米的地带。其中，面积最大、景观最美的是纳帕海、碧塔海、属都岗湖和三碧海四个高原湖泊和湖群。

◇气候：香格里拉地处高海拔低纬度地带，干湿季节分明。6—10月阴雨天气多，雨量占全年降水量的10%～80%，形成雨季。5月晴天多，光照足，蒸发量大，雨量占全年降水量的10%～20%，形成旱季。境内雪山耸立，河谷深邃，从海拔1503米的金沙江河谷到海拔5309米的哈巴雪山顶，随海拔升高依次出现河谷北亚带、山地暖温带、山地温带、山地寒温带、高山亚寒带和高山寒带六个气候带，属典型的"立体农业气候"。

③生态环境。

香格里拉地处青藏高原东南边缘，"三江并流"的腹地，具有集独特的雪山、峡谷、草原、高山湖泊、原始森林于一体的景观，是多功能的旅游风景名胜区。香格里拉景区内雪峰连绵，其中云南省太子雪山主峰卡瓦格博峰最为巍峨壮丽，仅香格里拉市内，海拔4000米以上的雪山就多达470座；峡谷纵横，著名的有金沙江虎跳峡、澜沧江峡谷等；还有辽阔的高山草原牧场、茫茫的原始森林以及星罗棋布的高山湖泊，使香格里拉的自然景观显得格外神奇而又宁静秀美。

④自然资源。

◇水资源：迪庆藏族自治州地处有"亚洲水塔"之称的喜马拉雅—青藏高原地区东南端，平均海拔3380米，金沙江、澜沧江、怒江三条大河的上游都贯穿迪庆。特别是金沙江，流经里程达430千米，流域面积16810.8平方千米，澜沧江在州境内流程320千米，流域面积7059.2平方千米。迪庆共有大小支流221条，水能蕴藏量达1650万千瓦，占全省的15%，可开发利用水能资源在1370万千瓦以上。从"十一五"规划开始，国家相继开发金沙江、澜沧江水能资源，总装机可达1000万千瓦以上，水电产业的开发前景非常广阔。

◇动植物：迪庆藏族自治州被誉为"动植物王国"和"天然高山花园"。迪庆是世界著名花卉杜鹃、报春、龙胆、绿绒蒿、细叶莲瓣兰等的分布中心，有世界著名的园林园艺植物珙桐、秃杉等，有以松茸、羊肚菌、木耳为代表的野生食用菌136种，野生药用植物有虫草、天麻、贝母、杜仲、当归等867种。分布在迪庆境内的高等植物多达187科5000余种，其中银杏、云南红豆杉等国家一、二级保护树种30余种，维西兰花、高山杜鹃等观赏植物1578种。主要树种有云杉、红杉、冷杉、高山松、红豆杉、香榧、云南松、华山松等。境内有野生动物共1400余种，国家一、二级保护动物种类达80余种，国家Ⅰ类保护动物有滇金丝猴、野驴、黑颈鹤，Ⅱ类保护动物有雪豹、浣熊等十多种，Ⅲ类保护动物有岩羊、血雉等近十种。

◇矿产：迪庆藏族自治州地处"三江成矿带"腹心地带，是全国十大矿产资源富集区之一，截至2020年12月，已探明的金属矿有铜、钨、钼等17种，非金属矿产有20种，矿床和矿点达323处，其中羊拉铜矿、普朗铜矿、红山铜矿、楚格咱铁矿、江坡铁矿、安乐铅锌矿等达到大中型矿床的规模。已发现铜矿床和矿点42处，探明铜金属储量达500多万吨，其中羊拉铜矿、红山铜矿已探明铜金属储量达260多万吨，普朗铜矿储量在200万吨以上。

迪庆藏族自治州的矿产资源与全国其他地区相比，具有富集程度高、分布集中、品位高、规模大、矿种配套性好、资源潜力大的特点，从而使迪庆藏族自治州从整体上成为具有世界级成矿规模的地区。丰富的矿产资源为实现"矿电结合"产业，把矿业培育成支柱产业，把迪庆建成中国最大的铜业基地的目标提供了良好的资源保障。

2.沿途风景

（1）玉龙雪山

玉龙雪山位于云南省丽江市境内，在丽江北面约15千米处，山脉延绵75千米，西临虎跳峡，如扇面向古城展开。玉龙雪山13座山峰由南向北纵向排列，主峰扇子陡最高处海拔5596米，终年积雪，雪线高度介于4800～5000米之间，是亚欧大陆距离赤道最近的温带海洋性冰川，也是北半球最接近赤道的终年积雪的山脉。玉龙雪山是滇西北地区生物的重要分布区域，也是滇西北地区与滇中地区植被的重要过渡地区之一。区域内随海拔从低到高分布有暖温性河谷灌丛、山地湿性常绿阔叶林、山地落叶阔叶林、暖温性针叶林、山地硬叶栎类林、寒温性针叶林、寒温性灌丛、高山流石滩疏生草甸等植被类型。已记录到的玉龙雪山主要野生经济动物有59种，属于兽类的有8目21科42属57种，多分布在高海拔和人迹罕至的地方。

（2）虎跳峡

　　虎跳峡以奇险雄壮著称于世。从虎跳峡镇过冲江河沿哈巴雪山山麓顺江而下，即可进入峡谷。上虎跳距虎跳峡镇9千米，是整个峡谷中最窄的一段，峡宽仅百余米，江心有一个13米高的大石——虎跳石，巨石犹如孤峰突起，屹然独立，江流与巨石相互搏击，山轰谷鸣，气势非凡。

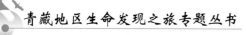
（3）哈巴雪山

　　哈巴雪山自然保护区位于香格里拉市东南部，距城区130千米，总面积219.08平方千米，属省级保护区，成立于1982年。主峰海拔5396米，最低点为江边行政村，海拔仅1550米，海拔高差达3846米。整个保护区海拔4000米以上的是陡峭的悬崖和高山流石滩，气候呈阶梯状分布，依次有亚热带、温带、寒温带、寒带等气候带，山脚到山顶的温差达22.8℃。该保护区是为保护高山森林垂直分布的自然景观及栖息于此的野生动植物而设立的寒温带针叶林类型自然保护区。

（4）普达措

普达措位于云南省迪庆藏族自治州香格里拉市东面22千米处，普达措国家森林公园包含碧塔海和属都岗湖两个景点，其水质和空气质量达到国家Ⅰ类标准。公园拥有湖泊湿地、森林草甸、河谷溪流、珍稀动植物等，原始生态环境保存完好。

（5）松赞林寺

松赞林寺素有"小布达拉宫"之称，全寺仿造拉萨布达拉宫布局，依山势而建。主殿庄严华贵，殿内壁画色彩鲜艳，笔法细腻，以描述史迹典故、弘扬佛教教义为主。扎仓、吉康两大主寺建于最高点，居全寺中央，具有汉式寺庙建筑风格。松赞林寺内收藏有第五世达赖喇嘛和第七世达赖喇嘛时期的八尊包金释迦佛像、贝叶经、五彩金汁精绘唐卡、黄金灯等。

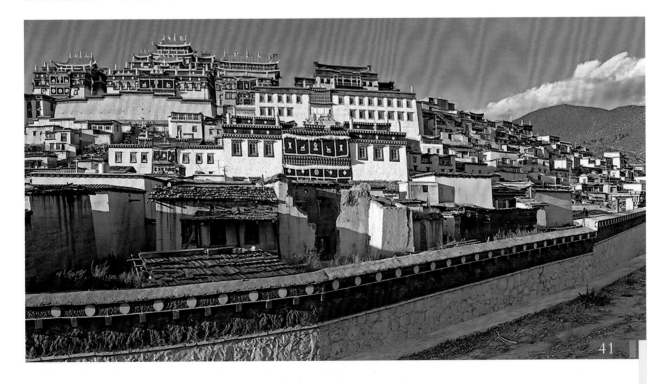

香格里拉→德钦

离开令人陶醉的香格里拉后，继续沿着214国道前行。刚驶出香格里拉城区6千米左右，就可见到位于214国道左侧的依拉草原，广袤的高山草原宛如油画般平铺于高原之上。沿着214国道前行，抵达茶马古道咽喉奔子栏镇，穿过伏龙桥，海拔开始骤升，汽车奔驰在临崖路上，让人的神经不由得绷紧，随着发动机歇斯底里的轰鸣声渐渐缓和，恍然间已到达白马雪山垭口，远处的白马雪山群峰似圣洁的白马静静侧卧着，让人变得安详与平静。逐渐变凉的山风好似在催促旅人继续前行，前往下一站——德钦县城。

1.行政区域

德钦

①历史沿革。

元代德钦，称"小旦当"，至元八年（1271年）属丽江宣慰司；至元十三年（1276年）丽江宣慰司改置丽江路，为军民总管府；至元二十二年（1285年）丽江路改为军民宣抚司。

明洪武五年（1372年），德钦为招讨司磨儿勘（今芒康）与万户府（今巴塘）的管辖区。正德四年（1509

年），德钦为云南省丽江土知府纳西族木定占领，时称阿德酋。崇祯十二年（1639年），蒙古族和硕特部首领固始汗派兵南下，打败木氏土知府，德钦为蒙古族和硕特部控制。

清顺治五年（1648年），德钦归西藏统属。康熙五十八年（1719年），巴塘为清朝控制，设正、副土司，德钦复归巴塘管辖。雍正四年（1726年），清廷勘定川、滇、藏界，四川省（巴塘管辖）属阿墩子划归云南省丽江府。雍正五年（1727年）改属维西厅，维西厅划归鹤庆府。雍正八年（1730年）七月，鹤庆府属迤西道。乾隆二十一年（1756年）五月，维西厅复属迤西道丽江府。光绪三十四年（1908年）设弹压委员，受川滇边务大臣节制。

民国六年（1917年），维西县析置阿墩子行政区，属腾越道。民国十八年（1929年），裁腾越道直属省。民国二十一年（1932年），改设阿墩子设治局。民国二十四年（1935年）六月，改设治局获批，并更名为德钦设治局，辖燕门、云岭、佛山和升平镇。民国三十一年（1942年），属云南省第七行政督察区（驻丽江县）。民国三十七年（1948年），云南省第十三行政督察专员公署驻维西县。1949年，属云南省第十行政督察区（驻鹤庆县）。

1950年5月20日，德钦设治局人民政府成立，隶属丽江专区。1952年11月21日，政务院批准撤销德钦设治局，设立德钦县藏族自治区。1956年9月11日，国务院全体会议第37次会议决定，设置迪庆藏族自治州，德钦县藏族自治区属迪庆藏族自治州。迪庆藏族自治州设立后，将德钦县藏族自治区改为德钦县。1957年9月13日，迪庆藏族自治州、德钦县正式设立。1957年，划出维西县第六区，建立奔子栏办事处（县级），直属于迪庆藏族自治州。1959年5月11日，撤销奔子栏办事处（县级），划归德钦县。

2002年，奔子栏乡撤乡设镇（云南省政府2002年7月18日批准）。

②地理环境。

◇位置：德钦县位于云南省迪庆藏族自治州西北部，东经98°3′56″～99°32′20″，北纬27°33′44″～29°15′2″。西南与维西傈僳族自治县、怒江傈僳族自治州贡山独龙族怒族自治县接壤，西北与西藏自治区昌都市芒康县、左贡县及林芝市察隅县山水相连；东南同四川省巴塘县、得荣县及云南省香格里拉市隔金沙江相望。总面积7596平方千米。

◇地貌：德钦县全境山高坡陡，峡长谷深，地形地貌复杂。东有云岭山脉，西有怒山山脉，山脉均为南北走向，地势北高南低，地形是南北长、东西窄的刀形，南北长约188千米，东西宽约68千米。按海拔划分，地形可分为三类：第一类是高山河谷区，海拔1800~2400米，分布在金沙江、澜沧江沿岸；第二类是山区，海拔2400~3000米；第三类是高寒山区，即海拔在3000米以上的地区。

◇水文：德钦县境内河流有金沙江、澜沧江两大水系，金沙江经西藏、四川在德钦县羊拉乡丁拉村附近入境。右岸经羊拉、奔子栏、拖顶等乡，县境内流程250千米，落差408米，县境内支流有珠巴洛河、东水河、归罗落马河、中玉河等30多条；澜沧江从西藏芒康县入德钦县境内，经佛山、云岭、燕门等乡，县境内支流有阿东河、五十一河、丰桶河、雨崩河、永支河等40多条。根据水力资源调查，县境内共有大小河流333条，总流程1029千米。德钦县境内有天然大小湖泊42个，湖泊总面积为460平方千米，最大的为扎绕粗穷湖，面积为0.8平方千米。德钦县境内有大小温泉10多处。

◇气候：德钦县的气候属寒温带山地季风性气候。气候受海拔的影响较大，受纬度影响不甚明显。随着海拔的升高，气温降低，降水增加，大部分地区四季不分明，冬季长、夏季短，正常年干湿两季分明，年平均降水量633.7毫米，5—10月雨季的降水量占全年降水量的77.5%，西北部年平均降水量在660毫米以下，东南部年平均降水量在850毫米左右。年平均气温4.7℃，年极端最高气温25.1℃，最低气温-27.4℃，年日照时数为1980.7小时，日照百分率为4.5%。平均初霜日在9月30日，终霜日在5月23日，最早初霜日为8月28日，最晚终霜日为6月12日。每年有霜期一般为236天，无霜期仅129天左右，旱象居多，恶劣气象包括长旱、短旱、插花旱、霜冻、洪涝加冰雹和雪。

③生态环境。

德钦县地处横断山脉腹地，决定了其"峰峦重叠起伏，峡谷急流纵横"的特点，境内怒山、云岭两大山脉中的梅里雪山、甲午雪山、润子雪山、白马雪山海拔都在5000米以上，终年积雪，最高点卡瓦格博峰海拔6740米，为云南第一高峰，被藏族群众奉为神山，最低点为燕门乡南部澜沧江边，海拔1840.5米，县内平均海拔为4270.2米。

④自然资源。

◇水资源：德钦县水能蕴藏量为41.7万千瓦，其中可开发利用的达7.4万千瓦。

◇动植物：德钦县境内森林面积大，自然环境好，有众多的珍禽异兽，植物种类繁多。动物中兽类有18科47种，鸟类有14目37科215种，有重点保护珍稀特有物种滇金丝猴，有国家一级保护动物云豹、金钱豹、雪豹、熊猴、穿山甲、金雕、胡兀鹫、绿孔雀、斑尾榛鸡、雉鹑，国家二级保护动物猕猴、棕熊、林麝、岩羊、鬣羚、斑羚、藏马熊、小熊猫、石豹、青鼬、水獭、斑灵猫、大灵猫、小灵猫、金猫、猞猁、马麝、高山麝、血雉、红腹、角雉、藏马鸡、淡腹雪鸡、勺鸡、黑鸢、松雀鹰、高山鹰、红隼、白腹锦鸡、灰鹤、黑颈鹤、尾绿鸠、大绯胸鹦鹉、灰林鸮、白腹黑啄木鸟等。种子植物有维管束植物167科627属1835种，其中，蕨类植物26科47属132种，裸子植物6科15属29种，被子植物135科565属1674种。独特的气候特点造就了境内分布着多种珍稀农业野生植物资源，农业野生植物珍稀品种和特色品种有冬虫夏草、胡黄连、山莨菪、岩白菜、贝母、天麻等，其中冬虫夏草、胡黄连、山莨菪被列入国家二级农业野生植物保护品种。

◇矿产：德钦县境内有金属、非金属等矿藏，截至2014年，已探明的有金、银、铜、铁、锡、铅、锌、蛇纹岩、硫黄、橄榄岩石、磷石棉、透明石膏等金属及非金属矿点87处。远景储量铜250万吨（最大的羊拉铜矿里农矿段已获远景储量132万吨），铁矿2000万吨，石膏约亿万吨。

2.沿途风景

（1）依拉草原

　　依拉草原位于香格里拉市西北6千米处，总面积13平方千米，是迪庆藏族自治州香格里拉市最大、最美的草原。依拉藏语意为"豹山"，因传说中依拉草原门户内北边坐落的豹山是一座"神山"而得名。在这里，既可以领略西藏草原的牧歌式风光，又可切身感悟藏族神秘的人文风情。

　　7月的依拉草原，宛如碧波荡漾的海洋，上面漂浮数不清的鲜花，有玫瑰红的野芍药、野菊和说不出名的各色香花野草，与秀丽的纳帕海、美丽古老的依拉村连为一体，组成一幅美丽的画卷。

（2）奔子栏镇——"三江并流"世界自然遗产

奔子栏位于德钦县东南金沙江西岸白马雪山东麓，距香格里拉市81千米，是奔子栏镇政府驻地，为藏族聚居地。奔子栏是藏语音译，意为美丽的沙坝，位于香格里拉市至德钦公路的咽喉，也是古渡口，为进藏必经之路。奔子栏是"三江并流"世界自然遗产区域气候多样性的一个典型代表，虽然与年降雨量达4600毫米的独龙江直线距离不过110多千米，但这里的年降雨量却只有374毫米，是典型的干热河谷气候。前来实地考察世界自然遗产地的世界自然保护联盟（International Union for Conservation of Nature，IUCN）专家称，在如此短的距离内，降雨量差异如此之大，堪称世界奇观。

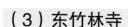
青藏地区生命发现之旅专题丛书

（3）东竹林寺

东竹林寺，建于清康熙六年(1667年)，原名"冲冲措岗寺"，意为仙鹤湖畔之寺，原寺址在新寺西北约3千米处。建寺初期仅有僧侣16人，为噶举派。后因参与以滚钦寺为首的反格鲁派战乱，改宗格鲁派，并与抗萨、支用、书松等7个小寺(贡巴)合并，更名"噶丹东竹林"，意为成就"二利"（利己利人)之寺。从此规模不断扩大，住寺僧侣至清末已发展到700多人，活佛10人，成为康巴藏族聚居地十三林大寺之一。

（4）白马雪山

白马雪山位于云南省德钦县境内，巍峨的云岭属横断山脉，群峰连绵，白雪皑皑，远眺终年积雪的主峰，犹如一匹奔驰的白马，因而得名。云南白马雪山国家级自然保护区主要保护对象为高山针叶林、山地垂直带自然景观和滇金丝猴。为了保护横断山脉高山峡谷典型的山地垂直带自然景观和保持金沙江上游的水土，1983年在云南省德钦县境内白马雪山和人支雪山的金沙江坡面，划出19万公顷(1公顷＝0.01平方千米)建立自然保护区，现已扩大到27万公顷。整个保护区海拔超过5000米的主峰有20座，最高峰白马雪山达5430米，相对高差超过3000米。保护区内植被垂直分布明显，在水平距离不足40千米范围内，有7～16个植物垂直分布带谱，相当于我国从南到北几千千米的植物垂直带，堪称奇观。

48

白马雪山的垭口海拔为4292米

德钦→盐井→芒康

从滇金丝猴之乡德钦县城出发,横跨澜沧江后,翻越滇藏线上海拔落差最大的垭口——红拉山垭口,进入芒康,与川藏南线会合。

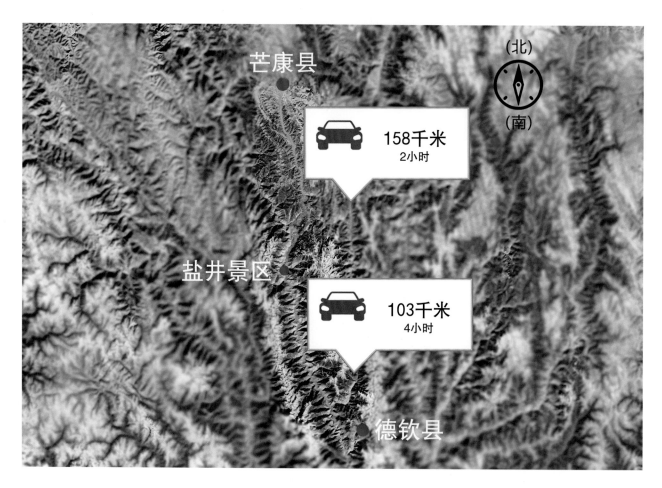

1.行政区域

芒康

①历史沿革。

三国两晋南北朝时期,芒康是原始居民和古代羌族部落的混杂居住区。

隋朝时,芒康属于白狼国。

唐朝时期,芒康境内开通了茶马古道。

清顺治五年（1648年）至康熙四年（1665年）芒康归属西藏统治。

1932年，芒康归属西藏管辖。

1950年1月，中国人民解放军进入西藏。

1950年10月12日，藏九代本德格·格桑旺堆在芒康率部起义。

1956年10月，西藏工委把宁静、盐井代表处改为宗党委会，正式建立了宁静县、盐井县。

1960年4月9日，国务院将宁静县、盐井县合并为宁静县，组建七个区、三十六个乡农牧协会。

1963年，芒康县进行普选建政工作，1965年结束，把行政七区重新划为十一个区、六十个乡。

1965年11月，宁静县更名为芒康县。

1988年，芒康县进行"撤区并乡"，把全县十一个区、六十个乡，重新划为二十四个乡镇、两个保留区（盐井区、竹巴龙区）。

2014年11月，昌都撤地设市，芒康县归属昌都市管辖。

②地理环境。

◇位置：芒康位于西藏自治区东部、昌都市东南部。地理坐标为东经98°00′～99°05′，北纬28°37′～30°20′。东与四川巴塘县隔金沙江相望，南与云南省德钦县毗邻，西与左贡县相连，北与贡觉县、察雅县交界。总面积11431平方千米。

◇地貌：芒康县平均海拔4317米，横断山脉由北向南纵贯县境。宁静山脉是境内主要山脉，呈南北走向。主要山峰有达拉涅峰、达马压山、卡孜西卡冲山、旺秋占堆山等。

◇气候：芒康县属高原温带半湿润季风型气候区，夏季湿润，冬季寒冷干燥。年均气温10℃，年均降水量350～450毫米，主要集中于6—9月，年无霜期95天。

◇水文：芒康县主要河流有金沙江、澜沧江及两江的支流70多条。金沙江和澜沧江境内总流程1661千米，流域面积250平方千米。

③生态环境。

芒康县海拔3500～4500米，受西南季风影响，冬季气候温暖、晴朗干燥；夏季西南季风暖湿气流和东南季风暖湿气流相遇，形成降水。年降水量和温度的分布极不均匀，具有典型的山地气候特点。境内有滇金丝猴、马来熊、绿尾虹雉等珍稀濒危动物。名贵药材主要有冬虫夏草、知母、贝母、大黄、胡黄连、红景天、当归、党参、三七等。西藏芒康滇金丝猴国家级自然保护区植被垂直带与自然垂直景观明显，生态系统独特，是中国罕见的低纬度、高海拔的保护区之一，是中国高原林区宝贵的生物多样性的物种基因库，具有极高的自然保护价值和科研、旅游价值。

④自然资源。

◇矿产：芒康县境内矿产主要有金、银、铅、砂、锡、锌、煤、盐、石油、硫黄、石膏、石墨等。

◇动物：芒康县境内野生动物主要有雕、鹫、鹿、獐、鹞子、黄猴、野猪、狐狸、猞猁、狗熊、金钱豹、苏门羚、小熊猫、大青猴、滇金丝猴等。

◇植物：药用植物主要有党参、秦艽、大黄、柴胡、麻黄、贯众、薄荷、木贼、灵芝、黄连、丹参、天南星、胡丹皮、千里光、报春花、大叶石带、洋金花、前胡等。

2.沿途风景

（1）梅里雪山

梅里雪山又称"太子雪山"，绵延150千米，位于云南省德钦县东北部约10千米的横断山脉中段的怒江与澜沧江之间，处于世界闻名的金沙江、澜沧江、怒江"三江并流"地区，北连西藏阿冬格尼山，南接碧罗雪山。海拔在6000米以上的山峰有13座，称为"太子十三峰"，主峰卡瓦格博峰海拔高达6740米，是云南的最高峰。梅里雪山是云南生物多样性最丰富的地区之一，也是中国和世界温带地区生物多样性最丰富的地区之一，还是中国生物多样性保护17个关键区域之一。独特的低纬度冰川雪山、错综复杂的高原地形、四季不分明而干湿明显的高原季风气候，使梅里雪山成为野生动物的天堂。野生动物主要包括哺乳类的滇金丝猴、小熊猫、岩羊、林麝等；鸟类的白尾梢虹雉、藏马鸡、高山兀鹫等。

（2）盐井乡

盐井乡全称为"中华人民共和国西藏自治区芒康县盐井纳西民族乡"，是滇藏公路上云南进入西藏的第一站，盐井平均海拔2400米，地处西藏自治区东南端，位于横断山区澜沧江东岸的芒康县和德钦县之间。盐井是一个神奇的地方，历史上是吐蕃通往南诏的要道，也是滇茶运往西藏的必经之路，是茶马古道上的一颗明珠。盐井盐田这道人文景观现在是茶马古道上唯一保存完整的人工原始晒盐风景线。

盐井盐田是世界上唯一保存完整，且用最原始的方式手工晒盐的地方，距芒康县城120千米，位于澜沧江东西两岸。盐井盐田历史悠久，传说唐朝以前这里的人们就开始制盐，至今已有1300多年的历史。盐井目前产盐的有两个乡——纳西乡和曲孜卡乡。从事盐业的有320多户，共有盐田2700多块。在沿江两岸近300米的狭长地带，绵延分布着数千块盐田。登高俯瞰，盐井热气腾腾，盐田银光闪烁，盐田与湛蓝的澜沧江水和漫山遍野的花草树木相互映衬，美不胜收。盐田下钟乳晶盐千姿百态，仿佛一个水晶的世界，穿梭于密密的立柱之间，又是一种扑朔迷离的感觉，带给人无法想象的惊奇。

盐井境内有古井田、天主教堂、雪山、大峡谷、曲孜卡温泉休闲中心、芒康滇金丝猴国家级自然保护区等。曲孜卡乡境内有大小温泉近百眼，其流量和温度各异，最高温度可达70℃，每年春季吸引当地人和云南德钦人前来沐浴。

（3）红拉山

红拉山为滇藏交界岭，是从云南到西藏在西藏境内的第一座高山，红拉山海拔4448米。"拉"在藏语里有"神、佛"之意，如拉萨就是"神佛所在地"的意思，这是滇藏线在西藏境内的第一个垭口。红拉山森林植被保存较好，森林覆盖率为70%～80%，有阔叶林、针阔混成林、高山草甸等植被，动植物储量十分丰富，云南黄连、澜沧黄杉、油麦、卡杉、红豆杉点缀着红色的山体，高山杜鹃填满了峡谷、溪涧，妖娆妩媚，芒康滇金丝猴国家级自然保护区也在此处。

（4）澜沧江"W"形大峡谷

澜沧江"W"形大峡谷位于芒康县曲孜卡乡境内214国道旁，因其峡谷呈"W"形而得名。峡谷陡峭深邃，落差2000～4000米，十分壮观。在此，可遥望芒康境内第一高山——达美拥雪山，其海拔为6434米，一年四季冰雪覆盖，景色壮美。

芒康→左贡→邦达

离开芒康城区，跨过澜沧江，翻过滇藏线上最高的垭口东达山（海拔5008米），一路如履仙境，下山后便是左贡县境内。与318国道并行的玉曲河在八宿县境内拐了个大弯，水势平缓了不少，远处连绵的群山好似一张幕布，其脚下大片的草甸中油菜花盛开，青稞与小麦在风中如波浪般起伏，牛羊则像珍珠一样撒落在草地上，错落有致的藏寨映衬在这幕布下，这个美丽的地方便是邦达镇，也是下一个站点。

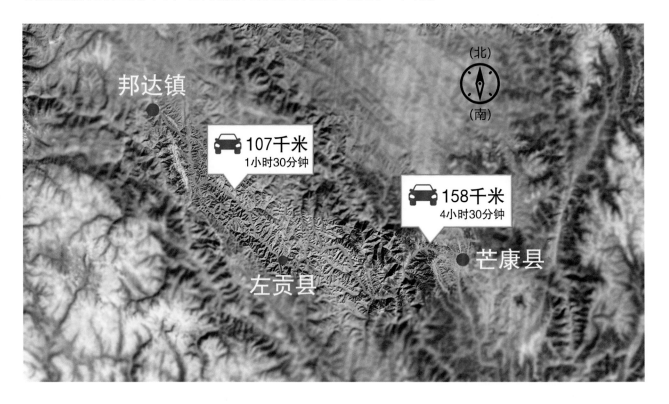

1.行政区域

（1）左贡

①历史沿革。

前约500年，象雄辛沃齐创建的本教传入三十九族地区及川、滇、藏边区（十三部落）昌都东南部。到约6世纪，今左贡全境属昌都一带的东女国一部分，"其王所居名康延川"，拥有"人口4万余户，胜兵1万余人，大小80余城"，包括今昌都东南地区。

唐朝时期左贡是吐蕃的属地。贞观七年（633年），松赞干布定苏毗等部，建立吐蕃政权，吐蕃实力扩展到藏东南（上、中、下察瓦冈）一带。贞观二十年（646年），赤德松赞派人到察雅香堆仁达丹玛山崖上勒刻造像及藏汉文，佛教文化传到察瓦冈（左贡）。

元朝时期左贡由吐蕃等路宣慰使司都元帅府管理。13世纪中叶，朝廷设立"吐蕃等路宣慰使司都元帅府"，简称"朵甘思宣慰使司"，具体负责今昌都地区、四川甘孜州等的军政事务，察瓦冈属朵甘思宣慰使司管辖。至元二十七年（1290年，藏历第五绕迥阳铁虎年），忽必烈派搠思班率领蒙藏军队平定内乱后，设桑昂曲宗，左贡属桑昂曲宗，桑昂曲宗（今察隅县）归昌都地区管辖。

明朝中期起左贡成为昌都寺的辖区。明洪武四年（1371年，藏历第六绕迥阴铁猪年），朝廷设置"朵甘卫指挥使司"，负责今西藏昌都地区、四川甘孜州等的军政事务，左贡属朵甘卫指挥使司下辖部分。

清康熙五十九年（1720年，藏历第十二绕迥阳铁鼠年），土伯特内乱，桑昂曲宗分邦达为上察瓦冈（今属八宿县），左贡为中察瓦冈（今属昌都市管辖），南至门空为下察瓦冈（今属察隅县）。是年，康熙皇帝命四川总督年羹尧、部将岳钟琪、成都知府马世衍、四川提标游击黄善材对桑昂曲宗各部重新勘察，划归昌都"呼图克图"管辖。

清雍正三年（1725年，藏历第十二绕迥阴木蛇年），朝廷将坐尔冈（今左贡）等地封赠给达赖喇嘛，作为属地，为芒康台吉管辖之地。

清雍正四年（1726年，藏历第十二绕迥阳火马年），岳钟琪收复喀木（扎木）以南各部，因川边管理不便，又奏请皇帝将上、中、下三察瓦冈（"坐尔冈"，今左贡）赏给五世达赖喇嘛作为香火地，同时设正副营管辖，设左贡协傲、冷卡协傲、昌易协傲、门空协傲管理辖区。

清乾隆六年（1741年，藏历第十二绕迥阳铁鸡年）二月八日，朝廷敕令郡王颇罗鼎，严格管束察瓦冈（今左贡）等部番众，使其各安其境。

清光绪三十二年（1906年，藏历第十五绕迥阳火马年）七月，朝廷任命赵尔丰为川滇边务大臣，推行"改土归流"。

清末改土归流时左贡属科麦县的一部分。宣统三年（1911年，藏历第十五绕迥阴铁猪年）元月，朝廷将桑昂曲宗分为科麦县（今左贡），"杂貐"改为察隅县，支应杂差概行减免，地方分置五路保正（甲长）协助县官办理地方一切事宜。同年十月二十一日，帮带夏正兴率领前哨进驻门空（察隅县），留后哨驻守扎宜（扎玉），新军管带程凤翔亲率中、左、右之哨进驻吞多寺（田妥寺）。

民国元年（1912年），西藏地方政府设宗，行政区划有邦达、左贡、碧土三个宗，统称为左贡宗。

民国二年（1913年，藏历第十五绕迥阴水牛年），第十三世达赖喇嘛委噶伦喇嘛强巴丹达为朵麦基巧（意为朵麦总管，也译为昌都总管），左贡属朵麦基巧管辖。

民国二十八年（1939年，藏历第十六绕迥阴土兔年）一月一日，西康省政府成立，省会为康定，昌都地区属其辖地。

中华人民共和国成立后，1950年10月7日，云南方面十四军一二六团及一二五团一部自德钦出发，绕梅里雪山进入碧土，解放左贡。

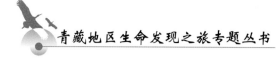

1950年12月，在碧土成立解放委员会。

1951年7月，昌都地区人民解放委员会派出工作队赴左贡，并组建了左贡宗机关党支部，同时组建左贡宗军事代表处。

1956年12月，根据中共西藏工委指示，成立左贡宗党委。

1959年4月30日，成立左贡县人民委员会，将左贡宗改为左贡县。

1959年5月17日，建立左贡县人民政府，隶属昌都地区，驻地亚中村。

1967年，驻地迁址旺达。

1988年1月11日，中共左贡县委、人民政府将原16个区、33个乡，撤并为1区、16个乡。

1997年，左贡县面积11706.98平方千米，辖16个乡（乌雅乡、吾通乡、拉物乡、觉玛乡、古米乡、碧土乡、加郎乡、东坝乡、中林卡乡、下林卡乡、绕金乡、沙夷乡、仁果乡、加卡乡、田妥乡、美玉乡），县政府驻乌雅乡。

2000年，左贡县辖2个镇、13个乡。

2014年11月，昌都撤地设市，左贡县属昌都市管辖。

②地理环境。

◇位置：左贡县位于西藏自治区东南部，昌都市东南部。北靠察雅，东依芒康，南接云南德钦，西与察隅、八宿相连。东西最大距离为408千米，南北最大距离为220千米，总面积1.17万平方千米。地理坐标为东经97°06′～98°36′，北纬28°30′～30°28′。

◇地貌：左贡县地处藏东南高山峡谷地带，地势北高南低，县境内主要山脉有东达山、多拉山、茶瓦珠山、茶瓦多吉志嘎山，以及与云南交界的梅里雪山。最高峰雀拉山峰，海拔5434米；最低海拔2650米，全县平均海拔3750米，县城驻地海拔3780米。怒江、澜沧江、玉曲河由北向南呈"川"字形纵贯全境奔流而下，形成三种不同的河谷地貌。

◇气候：左贡县属藏东南高原温带半干旱气候。气温年差较小，热量可利用率较高。降水分布不均匀，夏季降水集中，冬春季气候干燥、寒冷。

◇水文：左贡县境内大小河流交错，共有81条，总河长1463千米，年径流量32.8亿立方米。

③生态环境。

左贡县境内植被主要有针叶林、针阔混交林、灌草丛等。海拔3000米以下河谷地区主要为干暖河谷灌丛，植被以耐旱有刺灌丛为主，种类主要有小檗、蔷薇等，在离玉曲河、澜沧江、怒江等干流较远的支沟中分布有云杉、冷杉、高山松、落叶松、高山栎、杨树、桦木等；海拔4100～4500米多为高山灌丛和草地，灌木以杜鹃等为主。

④自然资源。

◇矿产：左贡县主要矿产资源有铁、锡、金、银、煤、硫、石墨等。

◇动物：左贡县主要野生动物有獐子、金鸡、黑颈鹤、滇金丝猴、鹦鹉等上百种，人工饲养动物有牦牛、犏牛、黄牛、马、绵羊、山羊等。

◇植物：左贡县林木蓄积量7650万立方米，主要有经济价值较高的云杉、冷杉、马尾松、柏树等，还有少量世界珍稀树种红豆杉、红松及国家一级保护树种黄杉；怒江、澜沧江流域还广泛种植核桃、苹果、野梨、橘子、葡萄、花椒、石榴等经济林木。林下资源较为丰富，盛产冬虫夏草、贝母、黄连、三七、红景天、松茸等名贵中药材。

（2）邦达

①历史沿革。

1965年，左贡县邦达区划归八宿县管辖。

1988年，邦达区改为邦达乡。

1999年4月，邦达乡改为邦达镇。

②地理、生态简介。

邦达镇是西藏自治区昌都市八宿县辖镇，位于八宿县东部的怒江北岸，东邻左贡县美玉乡，北邻吉中乡，南邻林卡乡和左贡县东坝乡，西邻卡瓦百庆乡，镇政府驻地海拔4120米。214国道和318国道在邦达镇境内交会，即邦达镇是滇藏北线和川藏南线的交会点。邦达镇曾是著名的茶马古道必经之地，318国道位于左贡和八宿之间。

全镇有林地面积6608.3公顷，牧草地面积34326公顷，耕地面积184.779公顷。

境内邦达草原有黄羊、狐狸、马鹿、贝母鸡、草狐、旱獭、水獭、獐子等国家一、二级保护动物，有冬虫夏草、知母、贝母、雪莲等药材，有黄菌、白菌等野生天然菌类。

2.沿途风景

（1）东达山

　　东达山位于西藏左贡县境内，垭口海拔标高5008米，滇藏线上最高垭口。垭口常年积雪，夏季草坪青绿，牦牛成群，风光极为秀丽。东达山一年四季都有雪，是登山爱好者的胜地，山的一边是奔腾的澜沧江，另一边是左贡。

（2）邦达草原

　　地处昌都地区三江流域之高山深谷中的邦达草原是一块地势宽缓、水草丰美的高寒草原。怒江支流玉曲河蜿蜒流淌其中，两岸广阔的低湿滩地上生长着茂密低矮的草甸植物，绿茵如毡，除成群牛羊在那里游荡觅食外，偶尔也会有一些藏原羚出没其间。

邦达→八宿

刚出邦达镇不远，就开始翻越邦达至八宿途中的最高峰业拉山（海拔4658米），不久便抵达垭口，至此，向西北方望去便是川藏天险之一的怒江七十二拐，海拔一路下降2000余米。行进在荡气回肠的七十二拐上，怒江的嘶吼声不断冲击着耳膜，汹涌澎湃的江水仿佛在提醒人这是它的地盘，催促着旅人驶离这里，在慌乱匆忙中，已悄然抵达下一站八宿。

1.行政区域

八宿

①**历史沿革。**

"八宿"藏语意为"勇士山脚下的村庄"。

清雍正三年（1725年）划归西藏后，由拉萨功德林寺派人管理。清末改土归流时并入恩达县。

民国初年后，改设八宿宗。

1951年，成立八宿宗解放委员会。

1959年5月，八宿宗改为八宿县。

1964年1月，八宿县政府迁驻白马镇，辖1区1镇14乡125个村民委员会。

2014年11月，昌都撤地设市，八宿县属昌都市管辖。

②地理环境。

◇位置：八宿县位于西藏自治区东部，昌都市东南部，地处怒江上游，县城所在地白马镇海拔3260米。地理坐标为东经96°23′～97°28′20″，北纬29°40′～31°01′。东邻左贡县、察雅县，南与察隅县接壤，西靠洛隆县、林芝市波密县，北连昌都市卡若区、类乌齐县。八宿县总面积12564.28平方千米。

◇地貌：八宿属三江流域高山峡谷地带，可分为3个自然区。东北部昌都以南的邦达地带，海拔较高，为高原大陆区；怒江流域延伸至左贡县境内，为高山峡谷过渡区；其余地方高山环绕，峡谷相间，地形较复杂，为高山峡谷区。境内主要山脉有横断山，近似南北走向。主要山峰有北部的初胆针山，海拔5971米；西北部的拉穷山，海拔4700米；南部的然乌湖地区，是念青唐古拉山脉东段与横断山脉伯舒拉岭接合部，山高谷深，冰川较多。全县呈狭长地形，向南北延伸，地势由东北向西南倾斜，构成七山二水一分地的地形特点。

◇气候：八宿县以高原温带半干旱季风气候为主。日照充足，干季、湿季分明。年无霜期161.7天，年降水量为233.3毫米。随着海拔的升高和地理位置的不同，依次出现峡谷暖温带、高原温带、高原寒温带三种不同垂直气候带。常见的自然灾害有地震、洪水、泥石流、干旱、冻土、风沙、霜冰、冰雹等。由于山高谷深，气候垂直差异明显。年平均气温10.4℃，1月份平均气温0℃，7月份平均气温19.2℃。日均气温5℃以上持续时间244天，0℃以上持续时间321天。

◇水文：八宿主要河流有怒江及其支流，总河长1737千米。怒江由西北部入境，穿越县域中部，由北向南奔流于高山峡谷之中，河道弯曲狭窄，河谷深邃，落差大，水流急，境内长127千米，年径流量33亿立方米。

③生态环境。

八宿县拥有丰富的野生动植物资源，加上大自然赋予的高山奇石、冰川、湖泊等，在八宿县然乌镇构成一幅醉人的画卷。此外，八宿县然乌湖景区，也是318国道上一颗璀璨的明珠。

④自然资源。

◇矿产：八宿县蕴藏着丰富的矿产资源，主要有金、银、铅、锌、煤、锡、石膏、碱土等。

◇动物：八宿县动物主要有叶猴、马鹿、獐子、草狐、水獭、紫貂、岩羊、黄羊、盘羊、野牛、旱獭、贝母鸡、马鸡等13种野生动物，其中有獐子、马鹿、盘羊等为珍稀野生动物。

◇植物：八宿县主要有贝母、知母、大黄、雪莲、红景天等名贵中药材。

2.沿途风景

（1）业拉山

业拉山是西藏境内邦达与八宿之间的一座高山，海拔4600多米，山势起伏较大。自东向西，从邦达算起，业拉山的起伏只有600多米；自西向东，从八宿算起，起伏竟达1500米。业拉山山地风光因高差起伏变化而闻名。

业拉山的地貌在滇藏线上格外特别——风化严重的土黄色沉积岩层的顶端，竟然是崎岖突兀的灰白色的喀斯特地貌，裸露在外的石灰岩，风化得像一座巍峨的城堡；更令人称奇的是，岩体右面还有一个天门洞，仿佛城堡的城门，而萦绕在城堡上方的蓝天白云，仿佛是城堡后战旗，煊赫张扬。

（2）怒江七十二拐

怒江七十二拐也称九十九道弯，位于邦达镇嘎玛村嘎玛沟，是业拉山口至怒江峡谷的一段，长约12千米，艰险与美景并存，几乎所有第一次路过此地的人到达其制高点时，都会稍作停留，以观奇景。

八宿→然乌→波密

从八宿出发，一路看山看水看冰川，翻过海拔4468米的安久拉山，转至然乌湖，远望米堆冰川，海拔一路下降至2000余米，两侧树木被飞速地甩到车后，望着远处的雪山，不久便抵达第一代藏王的故里——波密。

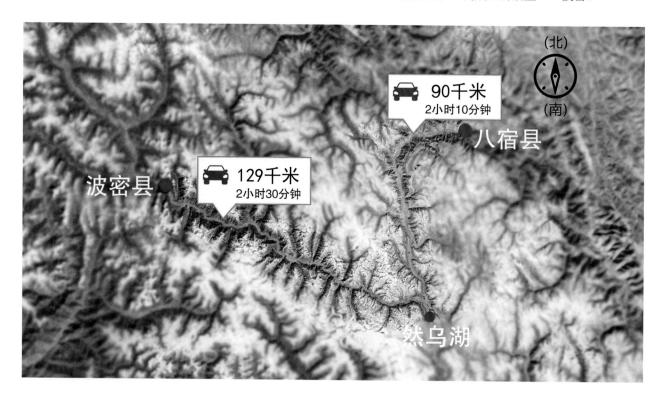

1.行政区域

波密

①历史沿革。

波密，藏语意为"祖先"，原为曲宗、易贡、倾多三宗。

1954年，合曲宗、易贡、倾多三个宗统一管辖。

1959年12月，设波密县，隶属林芝地区。

1964年，属昌都地区辖。

1986年1月，归林芝地区。

2015年3月，撤销林芝地区，设立地级市林芝市，波密县隶属林芝市管辖。

②地理环境。

◇位置：波密县位于西藏自治区东南部，帕隆藏布河北岸。地处东经94°00′07″～96°30′04″，北纬29°21′06″～30°40′26″。全县总面积16578平方千米，318国道从县中心穿过，距西藏自治区首府拉萨市636千米，距林芝市市区230千米，距昌都市八宿县219千米。1959年成立波密县委。地处喜马拉雅山脉北麓东段，为冲积平原，最高峰明朴不登山，海拔6118米。

◇地貌：波密县地处念青唐古拉山东段和喜马拉雅山东段，北高南低，高山连绵，中部为帕隆藏布河谷和易贡藏布河谷，支流数十条，流域面积4549.6平方千米。波密县境内最高海拔6648米，最低海拔2001.4米，县政府驻地扎木镇海拔2720米。

◇气候：波密县受印度洋海洋性西南季风影响，印度洋暖湿气流沿雅鲁藏布江，进入帕隆藏布河和易贡藏布河，抵达念青唐古拉山脉南麓，因此，海拔2700米以下地区属亚热带气候，2700～4200米地区属高原温暖半湿润气候，海拔4200米以上地区属高原冷湿寒湿带，年日照时数1563小时，年平均气温8.5℃，年无霜期176天，大于10℃积温为2269℃，年降水量977毫米。

◇水文：波密县拥有帕隆藏布河水系，以及易贡湖、古措湖等冰碛湖80多个，其中易贡湖名列西藏东部50多个淡水湖之首，面积22平方千米，形成于1900年。

③生态环境。

波密县拥有集雪山、河流、森林为一体的壮美自然生态环境，地处雅鲁藏布大峡谷国家自然保护区。这里气候温和湿润，非常适宜物种的繁衍生息，是一座丰富的野生动植物资源宝库。

④**自然资源。**

◇矿产：有金砂、铁矿、水晶矿、石灰岩、石膏等矿产40余种。

◇动物：野生动物80余种，其中被列为国家重点保护动物的有獐子、梅花鹿、熊、棕熊、滇金丝猴、豹、羚羊、小熊猫、小獭、黑颈鹤等20余种。

◇植物：共400余种。其中高级食用菌松茸年产量80吨，50%加工出口日本。中草药材资源如天麻、冬虫夏草、贝母、知母、党参、茯苓、大黄已部分开发利用。各种树木80余种，其中云杉、高山松、华山松、高山栎、柏树、杨树、桦树、樟树、椿树、乔松、铁杉、毛竹为常见的高经济价值种类，原始森林中的云冷杉多数生长了180年以上，树高70～80米，树胸径超过2米，一般单株蓄积量达30立方米以上。草地植物200余种，其中藜科、蔷薇科、豆科、龙胆科、菊科、乔本科、莎草科植物为草地主要植被，大部分为优质牧草。经济林木主要有核桃、花椒、苹果、沙棘、葡萄、水蜜桃、漆树、毛桃等。

2.沿途风景

（1）安久拉山

　　海拔4468米的安久拉山号称318国道上最平缓的垭口，四周原本挺拔的群山在高海拔垭口的衬托下，显得不再威严伟岸，倒多了几分平易近人的感觉。出乎意料的是，垭口附近不仅平缓而且宽敞，和之前那些陡峭起伏、壁立千仞的垭口大相径庭。这座看上去不起眼的属于伯舒拉岭山脉的安久拉山垭口，是怒江和雅鲁藏布江的分水岭。翻越了这个垭口，也就由怒江流域进入了雅鲁藏布江流域。

（2）然乌湖

　　然乌湖位于波密县城西南90千米处，318国道沿湖而过。它是雅鲁藏布江支流帕隆藏布河的主要源头。湖面面积22平方千米，蓄水量1.4亿立方米，海拔3850米。然乌湖分上、中、下三段，上段康沙以上称为安贡湖，湖面面积约6平方千米，中下段从康沙到然乌村，是然乌湖的主体，湖面面积16平方千米。整个湖面呈河道型，总长29千米，平均宽度为0.8千米，周长60千米，湖的北面有拉古冰川，冰川延伸到湖边，每当冰雪融化时，雪水便注入湖中，保证了充分的水源。

（3）米堆冰川

梅里雪山米堆冰川在米堆河的上游，米堆河是雅鲁藏布江下游的二级支流，它距离318国道仅8千米，从帕隆藏布河南岸汇入帕隆藏布河。米堆冰川规模大，进入方便，是西藏东南部海洋性冰川的典型代表。其特征典型，类型齐全，以发育美丽的拱弧构造闻名，是罕见的自然奇观。在这里，冰川、湖泊、农田、村庄、森林等融合在一起，是人与自然和谐相处的典范，也是旅游的绝好去处。

（4）嘎瓦龙风景区

嘎瓦龙风景区以海拔4322米的多热拉为界，南部是墨脱县，北部就是波密县。从多热拉往北看，3个小湖犹如明珠，中间的小湖还有两个小岛，这就是著名的嘎瓦龙天池。走近天池，尝一尝圣洁的水，看一看自己在水中的倒影，以及蓝天上的月牙倒影，遥望山下，雪峰、天池是云雾的源泉，白云向上翻滚，仿佛上了九霄。

嘎瓦龙寺

波密→通麦→林芝

从波密到林芝，有一段路异常难走，即通麦102大塌方，也称为通麦天险。此处景色也异常令人惊喜。这里的山远不同于从邦达往八宿所经过的怒江山，那里的山是贫瘠的；而这里的山上，长满了高大的树木，浓郁青翠。在这山上的丛林中，还笼罩着轻飘飘的雾，更增添了几分缥缈之感。轻雾横跨山间，形成一道绝妙的雾桥，连接的便是林芝。

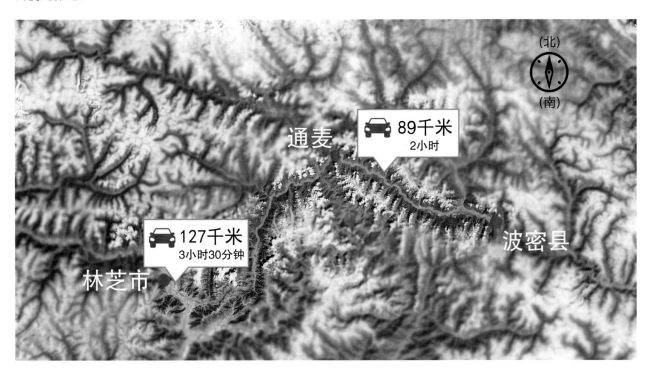

1.行政区域

（1）通麦

通麦镇位于西藏自治区林芝市波密县境内，在西藏易贡国家地质公园的南部，是由于川藏公路而形成的具有服务性质的微型镇。附近是帕隆藏布河主干和易贡藏布河的合流处，分布有亚热带及高寒带等多种类型气候。走318国道，经过通麦去排龙乡和鲁朗镇、八一镇，过通麦街道之后的通麦天险和排龙天险（在排龙乡）以其险峻闻名，全长14千米。

通麦的地质特点太特殊，因此国家将这片地方定为西藏易贡国家地质公园，规划区内包括雅鲁藏布大峡谷、帕隆藏布大峡谷、许木古冰川遗迹和古乡沟泥石流、102大塌方滑坡群、拉月大塌方、培龙沟泥石流等地质地貌景观及地质灾害遗迹景观。

（2）林芝

①历史沿革。

萨迦时期和帕竹时期（13—16世纪），林芝成了西藏佛教噶举派的政权势力范围。

17世纪甘丹颇章政权成立，林芝市被分封为阿沛、江中、甲拉等几家地方首领的领地，不久又划分、成立了则拉、觉木、雪卡、江达等宗。而波密地区，长期为土酋噶朗德巴统治，处于割据状态。

民国二十年（1931年），西藏地方政府将林芝波密地区划为波堆、波密两宗，墨脱地区改为墨脱宗。

1951年5月，西藏和平解放。

1959年，中央人民政府对西藏实施全面直接管辖，开始实行民主改革。

1960年1月，成立塔工专员公署，同年2月，改设林芝专区，专署驻林芝县。将拉绥溪、古如朗木杰溪、加查宗、朗宗、金东溪划归山南专区。原属昌都专区的嘉黎宗、倾多宗、易贡宗、曲宗划入林芝专区。以德木宗西部与觉木宗东部、则拉岗宗东北部合并设林芝县（驻尼池村）；以白玛桂（包括金珠、珞堆卡）设墨脱县；以则拉岗西南部设米林县；以江达宗设工布达县（驻江达村，即太昭）；以雪喀宗和觉木宗西部设雪巴县（驻雪巴村）；以嘉黎宗设嘉黎县；将倾多宗、易贡宗、曲宗合并设波密县（驻扎木镇）。林芝专员公署辖林芝、墨脱、工布江达、雪巴、波密、米林、嘉黎7县。

1963年10月，林芝专署撤销，波密县划归昌都专区管辖，随后1964年，林芝县、工布江达县、米林县、墨脱县4个县划归为拉萨市管辖。

1986年2月1日，林芝地区行政公署正式恢复，下辖林芝县、米林县、工布江达县、墨脱县、波密县、察隅县、朗县7个县，以及55个乡镇，614个行政村。

2015年3月，国务院批复同意撤销林芝地区和林芝县，设立地级市林芝市；林芝市设立巴宜区，以原林芝县的行政区域为巴宜区的行政区域；林芝市辖原林芝地区的工布江达县、米林县、墨脱县、波密县、察隅县、朗县和新设立的巴宜区。

②地理环境。

◇位置：林芝市位于北纬26°52′～30°40′，东经92°09′～98°47′，东西长646.7千米，南北宽353.2千米，边境线长约1000千米，面积11.7万平方千米，实际控制7.6万平方千米。市中心所在地白玛岗街道海拔3000米，距离西藏自治区首府拉萨市400余千米。林芝东与昌都市和云南省迪庆藏族自治州毗邻，西与拉萨市和山南市交界，北与那曲市相连，南与缅甸接壤。

◇地貌：林芝平均海拔3000米左右，最低点在雅鲁藏布江下游墨脱县巴昔卡，海拔155米，就高度来讲要低于西藏其他地区，是世界陆地垂直落差最大的地带。喜马拉雅山脉和念青唐古拉山脉似两条巨龙由西向东地平行伸展，"南迦巴瓦"则是龙脊上的白色雪峰，它海拔7782米，是喜马拉雅山脉南段的最高雪峰，与横断山脉对接，形成了群山环绕的独特地形。

◇气候：喜马拉雅山脉和念青唐古拉山脉由西向东平行伸展，东部与横断山脉对接，东南低处正好面向印度洋开了一个大缺口。顺江而上的印度洋暖流与北方寒流在念青唐古拉山脉东段一带会合驻留，造成了林芝热带、亚热带、温带及寒带气候并存的多种气候带。两大洋的暖流常年鱼贯而入，形成了林芝特殊的热带湿润和半湿润气候，年降雨量650毫米左右，年均温度8.7℃，年均日照时数2022.2小时，无霜期180天。

◇水文：雅鲁藏布江这条世界海拔最高的河流在其西行途中切开喜马拉雅山脉，从南迦巴瓦峰和加拉白垒峰之间穿过，在奔腾1000多千米后，从朗县进入林芝地区，在米林县受喜马拉雅山脉阻挡，被迫折流北上，绕南迦巴瓦峰作奇特的马蹄形回转，在墨脱县境内向南奔泻而下，经印度注入印度洋，形成了世界上最大的峡谷——雅鲁藏布大峡谷。大峡谷的平均深度为5000米，最深处达到5382米，这段峡谷长度为490多千米，最险峻处位于派镇大渡卡到墨脱县邦博地区，有240多千米长，峡谷上部开阔，下部陡峭。江河流速高达16米/秒，流量达4425立方米/秒。

③生态环境。

林芝气候宜人，自然资源丰富，所有山脉呈东西走向，北高南低，海拔高低悬殊，热带、亚热带、温带及寒带气候并存，形成了林芝奇特的雪山和森林世界，是国际生态旅游区、全域旅游示范区和重要世界旅游目的地，素有"西藏江南"之美誉。

④自然资源。

◇矿产：林芝市境内已发现铅锌矿、铜矿、银矿、铬铁矿、铁矿、钛铁矿（金红石）、镍矿、锡矿、钨矿、锑矿、黄铁矿、重晶石、石棉、水晶、冰洲石、石榴子石、电气石、绿柱石、白云母、石墨、石膏、大理岩、滑石、建筑用砂石、地热、矿泉水等矿产共34种，矿床、矿点287处，其中远景资源量达到大型矿床规模的有2处、中型矿床4处、小型矿床7处。

◇动物：林芝主要有虎、豹、熊、羚羊、獐子、猴、鹿等8种野生动物。

◇植物：林芝市森林覆盖率达46.09%，为中国第三大林区，西藏自治区80%的森林都集中在这里。林芝已发现和证实的植物就有3500多种。林芝的可食用菌类达120余种，松茸年产量达300余吨。

2.沿途风景

（1）古乡湖

　　古乡湖距离波密县城33千米，湖面海拔2600米，长5千米，最宽处2千米，最深处20多米，面积20000平方米，是一个淡水堰塞湖。人们称它为天然公园。1953年因古乡后山的"雄陆给尼"冰川活动引起"卡贡弄巴"爆发巨大泥石流堵塞帕隆藏布江而形成。

（2）通麦天险

　　通麦天险—排龙天险，是指在波密县城与林芝市鲁朗镇之间，通麦—排龙的14千米险路。这是川藏线最险的一段路，平均要走两个小时左右。这里号称"世界第二大泥石流群"，是"川藏难，难于上青天"的代表路段。这14千米道路，沿线山体土质较为疏松，高山滚石难以预料，且附近遍布雪山、河流，如遇风雨或冰雪融化，极易发生泥石流和塌方，加之路窄而错车的空间极小，故通麦—排龙一带有"死亡路段""通麦坟场"之称。

　　如今，通麦天险"卡脖子"路段已经成为历史。从2012年到2016年投资15亿元，以"五隧两桥"为主的川藏公路通麦段整治改建工程完成后，彻底改变了通麦天险的通行状况，整个通行时间由过去的2个多小时缩短到20分钟，天堑已变通途。

（3）鲁朗

　　鲁朗海拔3700米，距林芝市八一镇80千米，坐落在深山老林之中。这是一片典型的高原山地草甸狭长地带，长约15千米，平均宽约1千米。两侧青山上由低往高的灌木丛和茂密的云杉与松树组成"鲁朗林海"，中间是整齐划一的草甸，犹如人工种植的一般。草甸中，溪流蜿蜒，泉水潺潺，草坪上报春花、紫苑、龙胆、马先蒿等成千上万种野花怒放，颇具林区特色的木篱笆、木板屋、木头桥及农牧民的村寨星罗棋布、错落有致，勾画出一幅恬静、优美的山居图。

（4）色季拉山

  色季拉山地处林芝市以东，是尼洋河与帕隆藏布江的分水岭，山口海拔4728米，是滇藏线上的知名地标。站在色季拉山口，除了满眼的经幡，还能欣赏尼洋河的风采、无边无际的林海和南迦巴瓦神山的宏伟。

林芝→八一→工布江达→墨竹工卡→拉萨

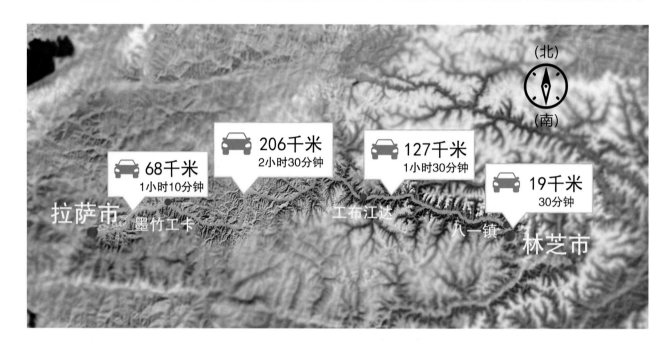

1.行政区域

（1）八一

　　八一镇是西藏自治区林芝市的首府所在地，是林芝市政治、经济及文化中心，海拔2900米，位于尼洋河畔，距雅鲁藏布江与尼洋河交汇处30余千米，距拉萨市400多千米。八一镇也是林芝市巴宜区所在地，原名"拉日嘎"，因为是金珠玛米（藏语意为"解放军"）建造起来的，所以称八一镇。镇区面积约8平方千米，现有常住人口3.5万多人。八一镇环境幽静秀美，被列为第二批国家新型城镇化综合试点地区。

（2）工布江达

　　工布江达县隶属西藏自治区林芝市，位于西藏自治区东南部，林芝市西北部。县域总面积11650平方千米，辖3个镇6个乡，常住人口约27532人。工布江达县人民政府驻工布江达镇果林卡。工布江达，藏语意为"凹地大谷口"。县境地处藏南谷地向藏东高山峡谷区过渡地带，呈深切割的高山河谷地貌，平均海拔3600米。属温带半湿润高原季风气候，东部温和湿润，森林茂密；西部寒冷干燥，为灌木草甸植被。雅鲁藏布江支流尼洋河贯穿全境。旅游景点有巴松措、太昭古城、巴嘎寺等。工布江达县境内主要种植青稞、小麦、油菜等作物，牧业以养殖藏猪和牦牛为主，土特产品主要有冬虫夏草、麝香、松茸等，工业有采矿、水力发电、木材加工等。

（3）墨竹工卡

　　墨竹工卡县隶属西藏自治区拉萨市，藏语意为"墨竹色青龙王居住的中间白地"，位于西藏自治区中部、拉萨河中上游、米拉山西侧。东邻林芝市工布江达县，南接山南市桑日县、乃东区、扎囊县，西毗达孜区、林周县，北连嘉黎县。墨竹工卡县辖1个镇15个乡149个村民委员会。县境地处雅鲁藏布江中游河谷地带，属拉萨河谷平原的一部分。境内山川相间，河谷环绕，草原广布，地势东高西低，平均海拔4000米以上。墨竹工卡县有松赞干布出生地甲玛景区、距今850多年的白教代表直孔梯寺等人文景观，有德仲温泉、日多温泉、思金拉措等享誉区内外的自然景观。

（4）拉萨

①历史沿革。

1世纪前后，拉萨河的古名"吉曲"已经出现，拉萨所在地则被人称为"吉雪沃塘"，意为"吉曲河下游的肥沃坝子"。

6世纪末7世纪初，山南雅隆部落势力扩张到拉萨北部。松赞干布的父亲囊日伦赞统治时，在娘、韦、嫩等家族的配合下，占领了拉萨地区。不久，松赞干布继位，决定将根据地从山南移到拉萨。

633年，松赞干布在拉萨建立了吐蕃王朝。

8世纪，赤德祖赞弘扬佛法，在拉萨等地修建了许多寺院。

8世纪末，吐蕃社会持续动荡，在拉萨及周边地区先后发生了朗达玛灭佛和奴隶、平民起义的重大事件。

822年，唐朝使臣刘元鼎等入藏，与吐蕃僧相钵阐布、大相尚绮心儿会盟于拉萨东郊，还在大昭寺刻了石碑。

815—838年，赞普热巴巾继续把拉萨视作弘扬佛法的中心。

838年，赞普朗达玛继位，采取与他的前任赞普全然不同的政策，下令封闭吐蕃境内全部佛寺，强迫所有僧侣还俗，焚毁一切佛教经典。

842年，朗达玛在大昭寺被僧人贝吉多吉刺杀，从此，强大一时的吐蕃王朝衰败。

857年，吐蕃平民邦金洛发动起义，以拉萨为中心的卫如地区两大奴隶主家族卢氏和巴氏因为利益关系发生严重冲突，发生了长期战争。平民起义持续了长达几十年的时间，吐蕃王朝彻底瓦解。

1160年，在拉萨、雅隆、澎波一带战争不断，大昭寺、小昭寺的一部分损毁严重。此后不久，蔡巴噶举于拉萨一带崛起，逐步取代了其他地方势力在拉萨的地位。

1239年，蔡巴噶举派派使臣到蒙古地区展开外交，元世祖忽必烈赐蔡巴庄园属民3700户。

13世纪中叶，元朝划分卫藏十干万户，蔡巴被归为3个万户之一。蔡巴万户复兴拉萨。

1409年，著名的黄教始祖宗喀巴在拉萨举办了第一次祈愿大法会。同年，他在拉萨以东的旺古山上兴建了格鲁派的第一座大寺院——甘丹寺，黄教寺院得以发展。

1416年，宗喀巴弟子降央曲吉·扎西贝丹在拉萨西郊约10千米外的地方修建了哲蚌寺。

1419年，宗喀巴的另一个弟子降青曲吉在拉萨北郊修建了色拉寺。

16世纪初，宗喀巴大弟子杰尊·喜饶森格专门研习密宗，在拉萨建立了密宗学院，即下密院。后来贡嘎顿珠又在密宗学院的上部另建了上密院，形成著名的上、下密院。在以后的一段时期内，喜饶森格还先后在色拉寺山上的色拉群丹处、蔡公堂，达孜县的德钦桑昂卡尔，墨竹工卡县的吉米次和彭波竹结等拉萨郊区继续修建了一些类似的寺院。从此，拉萨佛教兴盛不已。

明朝，西藏部分地区茶马互市，中原的纸张、丝绸、茶叶等通过茶马互市进入西藏，西藏的牛、羊、马交换到中原，中原与西藏经济上的往来非常密切。

1644年，清军入主中原，统一全国，并逐步建立起对西藏地区的管辖。

1717年，新疆准噶尔汗国入侵，清朝派兵平息。

1727年，发生卫藏战争，清朝派兵平息。

1757年，七世达赖喇嘛圆寂后，乾隆皇帝在西藏实施摄政制度，即在前一辈达赖喇嘛圆寂后至下一辈达赖喇嘛亲政之前，任命一位大活佛代行达赖喇嘛的职权，俗称摄政王。

1890年，中国同英国签订《中英会议藏印条约》，愤怒的三大寺僧人和群众予以强烈谴责。

1904年，拉萨遭到英帝国主义侵略。许多喇嘛开始武装反抗，许多藏族群众也拿起大刀和匕首，参加战斗。

1924年，一些亲英军官试图政变，被告发，十三世达赖喇嘛罢免了为首的藏军总司令擦绒。后擦绒试图建机械厂，被误认为修英国理事馆，遭到痛恨英帝国主义的群众殴打。

1949年10月1日，中央人民广播电台宣告："中国人民解放军一定要解放包括西藏、内蒙、海南、台湾在内的中国领土。"

1951年5月，西藏和平解放前后，拉萨墨本管辖拉萨市区中心部分（林廓路以内），雪巴列空管辖拉萨市郊的18宗溪。

1954年，拉萨墨本管辖拉萨市，卫区总管管辖尼木门喀溪等28宗溪。

1960年，设拉萨市，原属绛曲基巧的当雄、达木曲柯尔、白仓溪、达波措斯、旁多溪划入拉萨市。将折布林溪、洛麦溪、朗如溪、蔡溪、曲隆溪、札什溪并入拉萨市区；以林周宗与旁多宗、撒拉溪、朗塘溪、卡孜溪合并设林周县（驻松盘）；以当雄与羊八井郭巴、宁中郭巴、纳木湖郭巴等合并设当雄县（驻当曲卡）；以达孜宗与德庆宗、蚌堆溪合并设达孜县（驻德庆村）；以墨竹工卡宗为主设墨竹工卡县（驻塔巴村）；以曲水宗与色溪、南木溪、协仲溪、聂当溪合并设曲水县（驻雪村）；以尼木门喀溪与麻江郭巴合并设尼木县（驻塔荣）；以堆龙德庆宗与列乌溪、东嘎宗合并设堆龙德庆县（驻朗嘎）。拉萨市共辖林周、当雄、达孜、墨竹工卡、曲水、尼木、堆龙德庆7县。

1964年，原林芝专区所属林芝（驻尼池村）、米林（驻东多村）、工布江达（驻介德）、墨脱4县划入拉萨市管辖。墨竹工卡县迁驻工卡，林芝县迁驻普拉。拉萨市辖11县。

1975年，林周县由松盘迁驻旁多。

2015年11月，国务院批复同意撤销拉萨市堆龙德庆县，设立拉萨市堆龙德庆区。这是拉萨市继城关区后设立的第二个区。

2017年7月18日，《国务院关于同意西藏自治区调整拉萨市部分行政区划的批复》（国函〔2017〕107号），撤销达孜县，设立拉萨市达孜区，以原达孜县的行政区域为达孜区的行政区域，达孜区人民政府驻德庆镇德庆中路21号。

②地理环境。

◇位置：拉萨市位于西藏自治区东南部，雅鲁藏布江支流拉萨河北岸，地理坐标为东经91°06′，北纬29°36′。全市行政区域东西跨距277千米，南北跨距202千米，总面积29518平方千米。

◇地貌：拉萨位于青藏高原的中部，海拔3650米，地势北高南低，由东向西倾斜，中南部为雅鲁藏布江支流拉萨河中游河谷平原，地势平坦。在拉萨以北100千米处，屹立着念青唐拉大雪山，北沿是纳木措，山顶海拔7117米。唐古拉山口海拔5231米，是青海省和西藏自治区天然分界线，也是青藏线109国道的最高点。

◇气候：拉萨市地处喜马拉雅山脉北侧，受下沉气流的影响，全年多晴朗天气，降雨稀少，冬无严寒，夏无酷暑，属高原温带半干旱季风气候。历史最高气温29.6℃，最低气温-16.5℃，年平均气温7.4℃。降雨集中在6—9月，多夜雨，称为雨季，降水量200～510毫米。太阳辐射强，空气稀薄，气温偏低，昼夜温差较大，冬春寒冷干燥且多风。年无霜期100～120天，全年日照时数3000小时以上，素有"日光城"的美誉。

◇水文：拉萨河是拉萨市的母亲河，发源于念青唐古拉山南麓嘉黎里彭措拉孔马沟。流经那曲、当雄、林周、墨竹工卡、达孜、城关、堆龙德庆，至曲水县，是雅鲁藏布江中游一条较大的支流，全长495千米，流域面积31760平方千米；最大流量2830立方米/秒，最小流量20立方米/秒，年平均流量287立方米/秒；海拔高度由源头5500米降到河口3580米。此河属于融雪和降雨类型，水量随着温度的高低、降水量的多少而变化。

③生态环境。

拉萨北部当雄全县和尼木、堆龙德庆、林周、墨竹工卡部分地区属藏北草原南沿，水草丰美，牧业兴旺，盛产牛羊肉类、酥油和牛绒、羊毛；中部是著名的拉萨河谷；南部属雅鲁藏布江中游，为西藏较好的农业区之一，盛产青稞、小麦、油菜籽和豆类，"拉萨一号"蚕豆更是饮誉中外的优良品种。拉萨周围遍布具有经济价值和医疗作用的地热温泉，堆龙德庆区的曲桑温泉、墨竹工卡县的德仲温泉享誉整个西藏。

2.沿途风景

（1）噶定神山天佛瀑布

噶定神山天佛瀑布位于318国道距八一镇24千米处的尼洋河畔噶定沟内，"噶定"藏语意为"天上人间"。

（2）巴松措

巴松措又名措高湖，藏语意为"绿色的水"，位于距工布江达县巴河镇约36千米的巴河上游高峡深谷里，是红教的一处著名神湖和圣地。巴松措景区长约18千米，湖面面积约27平方千米，最深处达120米，湖面海拔3480米，是西藏海拔最低的大湖（纳木措海拔4730米，羊卓雍措海拔4440米）。景区内植被密布，氧气含量较其他湖泊高，一般不会产生高原反应。巴松措集雪山、湖泊、森林、瀑布、牧场、文物古迹、名胜古刹于一体，景色殊异，四时不同，野生珍稀植物汇集，实为人间天堂，有"小瑞士"之美誉。

青稞

巴松措湖风景

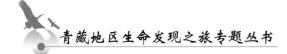
（3）布达拉宫

布达拉宫位于西藏自治区首府拉萨市区西北的玛布日山上，是一座宫堡式建筑群，最初是因吐蕃王朝赞普松赞干布为迎娶尺尊公主和文成公主而兴建。于17世纪重建后，成为历代达赖喇嘛的冬宫居所，为西藏政教合一的统治中心。1961年，布达拉宫被国务院列为第一批全国重点文物保护单位之一。1994年，布达拉宫被列为世界文化遗产。布达拉宫的主体建筑为白宫和红宫两部分。

（4）大昭寺

　　大昭寺，又名"祖拉康""觉康"（藏语意为"佛殿"），位于拉萨老城区中心，是一座藏传佛教寺院，由吐蕃王朝赞普松赞干布建造。寺庙最初称为"惹萨"，后来惹萨又成为这座城市的名称，并演化成当下的"拉萨"。大昭寺建成后，经过元、明、清历朝屡次修改、扩建，才有了现今的规模。

　　大昭寺已有1300多年的历史，在藏传佛教中拥有至高无上的地位。大昭寺是西藏现存最辉煌的吐蕃王朝时期建筑，也是西藏最早的土木结构建筑，并且开创了藏式平川式的寺庙布局规式。环大昭寺内中心的释迦牟尼佛殿一圈称为"囊廓"，环大昭寺外墙一圈称为"八廓"，大昭寺外辐射出的街道叫"八廓街"，即八角街。以大昭寺为中心，将布达拉宫、药王山、小昭寺包括进来的一大圈称为"林廓"。这从内到外的三个环形，便是西藏群众行转经仪式的路线。

（5）小昭寺

小昭寺，藏语称为"甲达绕木切"，位于西藏拉萨八廓街以北约500米处，始建于641年（藏历铁牛年吐蕃松赞干布时期），是文成公主奠基建成的。小昭寺现有建筑面积4000平方米，寺内主要供奉了释迦牟尼8岁等身像，另有诸多珍贵文物。1962年被国务院列为自治区级重点文物保护单位，并在2001年被列为全国重点文物保护单位。

滇藏线支线——丙察察线

滇藏新通道，其核心路线是丙察然公路，具体路线：从云南大理出发，沿怒江至贡山独龙族怒族自治县的丙中洛镇，然后进入西藏的察瓦龙乡，到达察隅县，途经来古冰川等，最后到达八宿县然乌镇，在此连接川藏公路南线即318国道。所谓"丙察察"，不是一条传统的进出藏线路，也没有正规的公路编号。这条原本为了勘测怒江水利资源而开辟的简易公路，在地图上和导航系统上都找不到，却在进藏的人群中享有极高的声誉。大家都向往着走一趟"丙察察"，而有幸走过的人也以此为傲。

1. 来源概述

滇藏新通道起始于云南省大理白族自治州大理市，经保山市金厂岭，大理市云龙县，怒江傈僳族自治州泸水县、福贡县、贡山县，止于西藏林芝市察隅县，全长816千米，其中云南境内段551千米，西藏境内段235千米。怒江州委、州政府提出"以破解交通瓶颈制约为目标，构建'一纵一横四环'的交通网络"。

独龙江

2.分段介绍

"丙察察"起始于大理白族自治州大理市,沿大理—保山的大保高速公路至金厂岭,经云龙、泸水、福贡、贡山,止于察隅县,目前已通车。当前,大理市至金厂岭的127千米为杭瑞高速公路路段,金厂岭至六库的97千米为二级公路,六丙公路(六库至丙中洛)292千米为四级公路,丙中洛至察隅县的300千米为简易道路。

3.线路特点

滇藏新通道大部分路段处于怒江低海拔地区,平均海拔2000～3000米。该通道还处于中缅、中印、滇藏接合部,途经地区是中国生物资源、旅游资源和民族文化资源极为富饶的地区。滇藏新通道的建设对巩固祖国边防、推动怒江跨越式发展有着重要的意义,有力地促进了边疆民族团结、社会稳定。

4.沿途风景

丙中洛镇与西藏察隅县察瓦龙乡接壤,这里雪山环绕,风景秀丽,是滇西北"三江并流"风景核心区之一,怒江第一湾、石门关、茶马古道、雾里村等精品旅游景点汇聚于此,是怒江傈僳族自治州正在打造的"从怒江到拉萨"(全程1500千米)滇藏新通道、新精品旅游线路的必经之地。这条线路囊括了诸多云南和西藏自然景观与人文景观的经典要素——陡峭的怒江峡谷、贫瘠的干热河谷、茂盛的森林、壮观的冰川雪山和多民族的风土人情,因此这是探险家和资深户外"驴友"都非常神往的一条驾车线路。

独龙江大峡谷

5.海拔特点

　　察隅县平均海拔2800米，县城所在地在竹瓦根镇，海拔最高处是察瓦龙乡与云南省德钦县交界的怒山山脉的梅里雪山，海拔6740米；最低处在察隅河下游下察隅前门里，海拔仅600米。察瓦龙到察隅195千米的察察线，需要翻越3个4500～4900米的垭口，还要穿越原始森林、高山草场、乱石区。但在云贵高原—青藏高原过渡地带，丙察察线总体海拔较低，一般是2000米左右。察隅县城—八宿县然乌镇（然察公路或察然公路）海拔变化较大，海拔要从2000多米爬升到海拔4900米，翻过4900米的德姆拉山口，经然乌镇后驶入川藏南线（318国道）前往波密县。

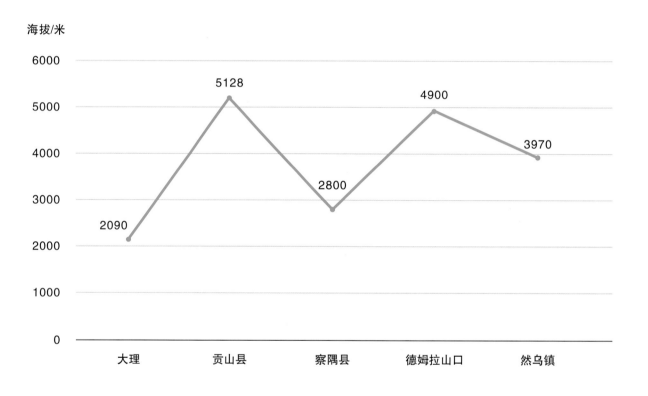

6.注意事项

　　丙察察线是指新滇藏线，亦称滇藏南线，从云南省贡山独龙族怒族自治县的丙中洛镇到终点西藏察隅县路段，途径西藏的察瓦龙乡。该路线对车辆与驾驶人员技术要求较高，而且这里有两个最危险的路段，一个是漫长的悬崖烂路，另一个是石坡地段闻风而起的大流沙，常年塌方，危险系数极高，但由于其优越的地理位置以及独特的景观，成为风光最美的进藏支线之一。若要前往建议驾驶硬派越野车，以及雇佣经验丰富的司机。此外，在下车休憩时，需注意蚂蟥以及其他毒虫蛇蚁。

丙中洛→察瓦龙→察隅

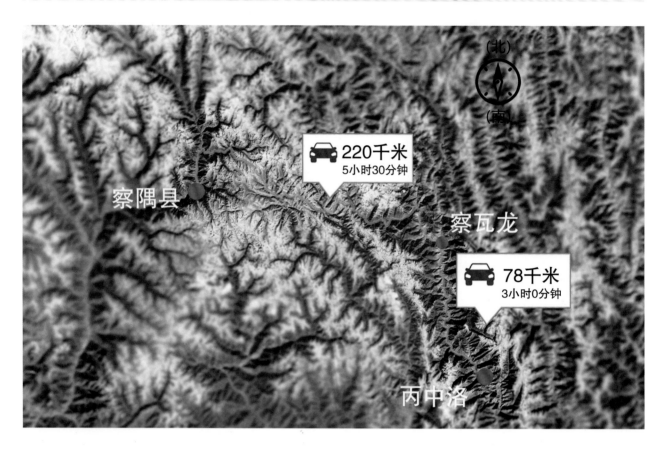

1.行政区域

（1）丙中洛

①历史沿革。

丙中洛旧称"甲菖蒲桶"（藏语），意为怒江小康普。据说丙中洛普化寺隶属维西县康普喇嘛寺管辖，康普藏名为"菖蒲"，故丙中洛有怒江小康普之说。丙中洛原为怒族居住的地方，旧时整个丙中洛坝子上只有三个怒族村寨，即甲生、重丁和达拉村。

1933年，称贡山设治局打拉乡。

1939年，称启文乡。

1950年，称贡山县一区。

1969年，建丙中洛公社。

1984年，改为丙中洛区。

1988年，改丙中洛乡。

2011年12月16日，经云南省人民政府批准，同意撤销丙中洛乡，设立丙中洛镇，撤乡设镇后行政区域和政府驻地不变。

②地理环境。

◇位置：丙中洛位于贡山独龙族怒族自治县北部，东经98°23′～98°42′，北纬27°51′～28°31′，北靠西藏林芝市察隅县察瓦龙乡，南临贡山独龙族怒族自治县捧当乡，东接迪庆藏族自治州德钦县燕门乡，西邻贡山独龙族怒族自治县独龙江乡。处于"三江并流"世界自然遗产的核心地区，是"三江明珠·贡山"的农业重心和旅游文化新星。

◇地貌：丙中洛镇呈不规则四边形，地势北高南低，海拔最高点为嘎娃嘎普雪山（5128米），海拔最低点为与捧当乡交界处江面（1430米），镇政府驻地海拔1750米，怒江由北向南贯穿全境，两岸是连绵不断的碧罗雪山和高黎贡山，两山夹一江，形成了典型的峡谷地貌。

◇气候：丙中洛由于受印度洋暖湿气流的影响，气候温和湿润，年平均气温约14.5℃。

③自然资源。

◇植物：木本有云南松、油杉、元江锥、大叶南烛、芳香白珠、马桑、木姜子、大百花杜鹃等，草木有蕨类、白茅、金茅、细叶菊、倒钩刺、黄背草及兰科植物，经济树木有油桐、漆树、板栗树、核桃树、苹果树、桃树、李树、木瓜树、梅子树、柑橘树等。

◇动物：有小熊猫、狗熊、羚牛、雪雉等珍稀动物，还有较多的高山草场，十分适宜畜牧业的发展。

◇矿产：丙中洛境内的格马洛河盛产黄金，重丁村离江边100多米的半山腰上，现保留有三个金矿洞遗址，距此不远号称"怒江第一湾"的坎桶村更是以出产沙金而闻名遐迩。丙中洛坝子周围的石门关、贡当神山多产羊脂玉石。"羊脂玉"质如凝脂，仅贡山独有，属稀有品种。

（2）察瓦龙

①**历史沿革。**

1960年，成立察瓦龙区。

1972年，改公社。

1978年，置区。

1981年，改乡。

截至2020年6月，察瓦龙乡下辖26个行政村，乡人民政府驻扎那村。

②**地理环境。**

◇位置：察瓦龙地处察隅县东南部，梅里雪山脚下，东南与云南省德钦县、贡山独龙族怒族自治县相邻，西与竹瓦根镇、古拉乡相连，北及东北与昌都地区左贡县相连。辖区总面积2937.95平方千米。

◇地貌：察瓦龙地势北高南低，高低错落，属于典型的高山峡谷地貌，怒江由北向南纵贯。境内的梅里雪山最高海拔6740米，南部河谷地带海拔2200米左右，平均海拔2800米左右。

◇气候：察瓦龙属于喜马拉雅山南麓亚热带气候。其气候四季温和，干燥少雨，年平均气温12℃，最大冻土深度0.25米。极端最低气温-5℃，极端最高气温31℃。年平均降水量810毫米左右，雨季主要分布在三四月份和七八月份。年日照时数2600小时，无霜期年平均250天以上。

梅里雪山的背后——甲应村

③自然资源。

察瓦龙境内已探明的地下矿藏资源有金、银、锡、铜、锌、石榴石、结晶石膏。林地面积约占全乡总面积的30%，且多为未开发的原始森林，生长着松、杉、高山栎等优良树种。草场总面积5.23万亩，草群覆盖率达60%以上。可开发的中草药有上百种，以冬虫夏草、贝母、三七、黄连等为主，野生菌类较多。

甲应村

察瓦龙仙人掌林

（3）察隅

①历史沿革。

1912年，设县。

1960年，改设桑昂曲宗县，县政府驻下察隅的赤通拉卡。

1966年5月，改称察隅县，县政府驻竹瓦根镇，属昌都地区行政管辖。

1986年，林芝地区恢复成立后，察隅县划属林芝地区管辖。

2015年3月，撤销林芝地区，设立地级市林芝市，察隅县隶属林芝市管辖。

②地理环境。

◇位置：察隅县位于西藏自治区东南边，地处青藏高原的东南边缘。察隅县地处东经97°27′，北纬28°24′，东邻云南省，北邻昌都左贡县，西面与墨脱县接壤，南与印度、缅甸交界。

◇地貌：察隅总的地势趋势是由西北向东南倾斜，西北高、东南低，相对高度差达3600米，垂直高差悬殊。其是典型的高山峡谷和山地河谷地貌。谷地南部边缘海拔只有1400米，海拔5000米以上的山峰有10多座，最高峰为海拔6740米的梅里雪山。全县平均海拔2300米。

◇气候：独特的亚热带气候，造就了察隅"一山有四季，四季不同天"的神奇自然景观，赢得了"西藏小江南"的美誉。

③自然资源。

◇水资源：有以雅鲁藏布江支流察河和怒江为主的几十条河流，落差较大，具有巨大的水能开发利用价值。

◇矿产：蕴藏着金、银、铜、锡等数十种稀有矿物，其中古拉乡满宗牧场金矿、上察隅镇本堆石榴籽石和锡矿储量丰富，具有极大的开发价值。

◇植物：据不完全统计，常见的高等植物有1000多种，其中木本植物达60多个科140多个属300多个种。现已被列为国家第一批重点保护对象的野生植物有星叶草、长蕊木兰、云南黄连、红椿、澜沧黄杉、水青树、长苞冷杉、黄著、黄牡丹、天麻、锡金海棠、红花木莲、楠木、南方铁杉的同属云南铁杉、八角莲的同属西藏八角莲、假人参、桃儿七、延龄草、厚朴19种；古老的种类有水青树科、樟科、木兰科、五味子科、金缕梅科、松科、柏科；经济树木有山龙眼、胡桃、蔷薇科、漆树科等。总之，南方的芭蕉、橘、樟、桂、栲、楠，北方的杨、柳、槭、桦，在这里聚亲会友，共茂一林，真可谓"南北松杉竞秀，东西柏榧争荣"。

◇动物：野生动物主要有虎、豹、熊、小熊猫、麝、鹦鹉、黑颈鹤等，其中属国家级保护动物的有100多种。

2.沿途风景

（1）曲南通

曲南通意为"黑水坝"。曲南河源于卡瓦格博主峰，由北向南，贯穿雪山，一路汇聚诸多雪山之水，汹涌澎湃奔向怒江。河畔三角形的曲那通坝子，是天然的三角形法源宫（金刚空行母的标志），其中有猛利神铁杵三件。曲南河河水声是念诵胜乐金刚的心咒和《大般若经》《甘珠尔》《丹珠尔》经文的诵经声。曲南河横在行人面前，让人望而生畏。2000年，红坡寺扎巴活佛发动云岭乡民，集资修建了一座新桥。这座铁索桥横跨在大河之上，桥墩由混凝土浇灌而成，行人可以安然而过。

（2）慈巴沟保护区

西藏慈巴沟国家级自然保护区位于西藏自治区林芝市东南面的察隅县中部。保护区有维管束植物147科549属1392种，其中蕨类植物34科66属143种，裸子植物4科11属24种，被子植物109科472属1225种，野生食用菌238种。保护区内有两栖类1目3科5种，爬行类1目4科12种，鸟类10目27科100种，哺乳类8目8科57种，其中国家一级保护动物15种，国家二级保护动物36种。

（3）卢为色拉

"卢"，意为南方；"为色"，意为光明。卢为色拉是卡瓦格博圣地的南界，视野开阔，四方圣地都清晰可见。山顶布满经幡，既有五彩缤纷的招福经幡，也有白色的安魂经幡。白色的经幡是为亡者而挂，过了卢为色拉，便很少再见到白色经幡了，这里就是转山人与亡灵最后的分手地。

（4）咱数塘

"咱数塘"，意为"三根本道场"（藏传佛教中称上师、本尊和空行为"三根本"）。咱数塘是河水冲刷出来的一片开阔地，可以在这里食宿。咱数塘西边的大山岭，是四业坛城（四业是佛教密法中的四种事业，即息灾法，消除疾病、灾害、祸患等；增益法，增长财富、寿命、名望、官位等；怀爱法，获得他人的敬爱；诛杀法，摧伏甚至诛杀怨仇、魔怪）。

老虎嘴

怒江第一湾

察隅→然乌镇

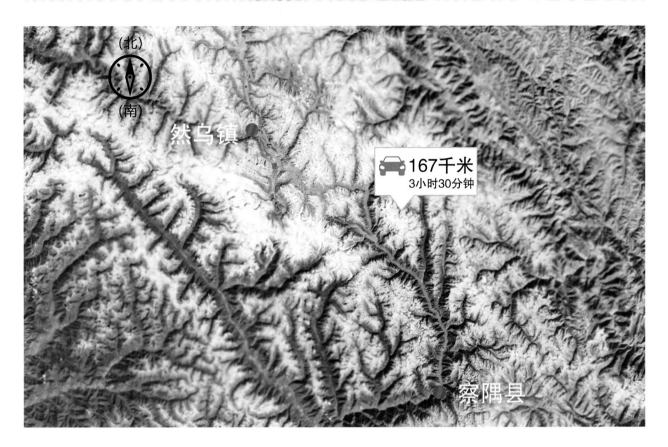

（北）

（南）

然乌镇

🚗 **167千米**
3小时30分钟

察隅县

1.行政区域

（1）来古冰川

①地理环境。

◇位置：来古冰川紧邻然乌湖，是西藏已知的面积最大和最宽的冰川，来古冰川一名来源于紧邻冰川的一个小村落——来古村。来古村的藏语意思是"隐藏着的世外桃源般的村落"。来古村掩映在四周连绵起伏的群山的绿色苍穹之中，似乎被大自然有意隐藏，因而得名。

◇地理概况：西藏八宿县然乌镇来古村在青藏高原东南伯舒拉岭的腹地，西藏最美的湖泊之一然乌湖就在旁边，这个因冰川而出名的来古村距川藏南线（318国道）只有20多千米，南方还有丙察然公路，周围遍布美丽的湖泊与宏伟的雪峰，站在这里可以看到6座海洋性冰川，这样的自然景观在中国乃至在世界上都绝无仅有，是我国一个观看冰川的绝佳地点。

◇组成：来古冰川由美西冰川(死亡冰川)、雅隆冰川、若骄冰川、东嘎冰川、雄加冰川和牛马冰川组成。

来古冰川

②自然景观。

然乌湖有"西天瑶池"之称，湖两岸的灌木丛叠加白云蓝天倒映在湖水中，便形成一幅色彩绚丽的画卷。围绕着来古村的多条冰川，在村子前形成了多个冰湖，因不同冰川所在地的地质和土壤成分不同，每一个冰湖都会反射出不同的颜色，有一个冰湖上还漂浮着大大小小的冰山，看上去真有点到了南极的感觉。冰川的末端与冰湖之间，断裂的冰川露出十多米高的蓝幽幽的冰层。

身处来古村，可以同时看到美西冰川、雅隆冰川、若骄冰川、东嘎冰川、雄加冰川和牛马冰川，因为这些冰川都围绕着来古村，所以它们被统称为来古冰川。其中，生成于岗日嘎布山东端长达12千米的雅隆冰川最为雄壮，它从海拔6000多米的主峰，一直延伸到海拔4000米左右的来古村边，黑白相间的"中碛"又在宏伟之中添上几分美丽，这在其他的冰川上很难看到。

③人文景观。

有70多户人家的来古村至今还保持着原汁原味、半农半牧型的藏族村庄风采。村子里的房子比较分散，细分为沙土那、拉那格、曲娥、然母等几个更小的村庄和定居点，最远的相距两三千米，小村之间分布着块块田垄。来古村是一个藏族的村子，有年轻人会讲汉语，村里不少人家里已有摩托车，有些人家还有个小小的发电机。每家每户都备有酥油茶、青稞糌粑及风干牛肉，甚至有一两家还会炒一两道简单的川菜。

（2）然乌镇

①历史沿革。

1960年置然乌乡，1974年改公社，1984年复置乡，1999年改为然乌镇。

②地理环境。

然乌镇位于西藏自治区昌都市八宿县西部，距县城90千米。

2.沿途风景

（1）然乌湖

   然乌湖藏语称"然乌措"（"措"是藏语"湖"的发音）。西南有岗日嘎布雪山，南有阿扎贡拉冰川，东北方向有伯舒拉岭。四周雪山的冰雪融水构成了然乌湖主要的补给水源。它是著名的帕隆藏布江的主要源头。

（2）然乌溶洞

　　然乌溶洞是西藏为数不多的神奇溶洞之一。著名的来古冰川然乌溶洞，距然乌湖5千米，掩藏在318国道旁的南嘎左山山腰上的绿荫丛中。"南嘎左"在藏语中的意思是"天下神仙集中的地方"。据说，南嘎左山和山上的溶洞在西藏的陆地形成之时便已存在。该山怪石嶙峋，经幡林立，玛尼石随处可见，是当地有名的神山。然乌溶洞洞口有一尊弥勒佛像，另有其他形状各异的钟乳石、怪石、异树。

滇藏线野生动物基本介绍

1.鸟纲

（1）藏雪鸡

学名：*Tetraogallus tibetanus*

英文名：Tibetan Snowcock

系统位置：鸡形目 Galliformes　雉科 Phasianidae

基本信息：大型鸡类，体长49～64厘米。头、颈褐灰色，上体土棕色，具黑褐色虫蠹状斑，翅上有一大的白斑。下体白色，前额和上胸各有暗色环带，下胸和腹具黑色纵纹。

生态习性：主要栖息于海拔3000～6000米的森林上线至雪线之间的高山灌丛、苔原和裸岩地带。常在裸露岩石的稀疏灌丛和高山苔原、草甸等处活动，也常在雪线附近来回觅食，有时也与羊等偶蹄类动物在一起活动和觅食。喜结群，常成3～5只的小群活动。性胆怯而机警，远远发现人即逃走。觅食时不"设岗"，但休息时常有一只或几只老鸟站在高的岩石上放哨，遇敌害侵入时发出长而高声的鸣叫。

食性：主要以植物性食物为食。夏季主要啄食各种高山植物的嫩叶、芽和茎，冬季主要刨食植物根茎。偶尔也吃昆虫和小型无脊椎动物，有时还到农田中偷吃农作物，也吞食大量砂粒。

繁殖：繁殖期5—7月。通常营巢于陡峭山岩背风处岩石上的草丛或灌丛中，也有的营巢于裸岩岩石缝中和崖石洞内。

分布区与保护：藏雪鸡主要分布于我国青藏高原及其邻近省（区）的高山裸岩地区。目前已被列入国家重点保护野生动物名录，属国家二级保护鸟类。

（2）绿翅鸭

学名：*Anas crecca*

英文名：Commen Teal

系统位置：雁形目 Anseriformes 鸭科 Anatidae

基本信息：小型鸭类，体长37厘米，体重约0.5千克。嘴、脚均为黑色。雄鸟头至颈部深栗色，头顶两侧从眼开始有一条宽阔的绿色带斑一直延伸至颈侧，尾下覆羽黑色，两侧各有一黄色三角形斑。飞翔时，雌雄鸭翅上具有金属光泽的翠绿色翼镜和翼镜前后缘的白边非常醒目。

生态习性：繁殖期主要栖息在开阔、水生植物茂盛且少干扰的中小型湖泊和各种水塘中，非繁殖期栖息在开阔的大型湖泊、江河、河口、港湾、沙洲、沼泽和沿海地带。喜集群，特别是在迁徙季节和冬季，常集成数百只甚至上千只的大群活动。飞行疾速，两翅鼓动快且声响很大，头向前伸直，常呈直线或"V"字队形。

食性：冬季主要以植物性食物为食，特别是水生植物的种子和嫩叶，有时也到附近农田觅食人们收获后散落的谷粒。其他季节除吃植物性食物外，也吃螺、甲壳类、软体动物、水生昆虫和其他小型无脊椎动物。主要在水边浅水处觅食。

繁殖：繁殖期5—7月。1龄时成熟，但不能都参与繁殖，有的到第2龄才开始繁殖。多数在越冬期间形成对，也有少数在春季迁徙路上才形成对。到达繁殖地后不久即开始营巢。营巢于湖泊、河流等水域岸边或附近草丛和灌木丛中地上。巢极为隐蔽，通常为一凹坑，内垫有少许干草，四周围以绒羽。

分布区与保护：在我国绿翅鸭曾经不仅分布广，数量也极为庞大，遍布我国南方各水域，是我国数量最多和最常见的一种产业狩猎鸟类，迁徙时成千上万只，一群接着一群，但近来却很难见到如此壮观的场面，种群数量明显减少。

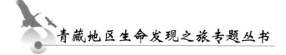

（3）小䴙䴘

学名：*Tachaybaptus ruficollis*

英文名：Little Grebe

系统位置：䴙䴘目 Podicipediformes　䴙䴘科 Podicipedidae

基本信息：小型游禽，体长25～32厘米，体重不足0.3千克，是䴙䴘中体型最小的一种。身体短胖，嘴基部和眼睛虹膜黄色，极为醒目。夏羽头和上体黑褐色；颊、颈侧和前颈红栗色；尾短小，极不明显，呈绒毛状，看似无尾羽；臀部呈灰白色；上胸灰褐色，其余下体白色；两胁灰褐色，后侧红棕色。冬羽上体灰褐色，下体白色，颊、耳羽和颈侧淡棕褐色，前颈淡黄色，前胸和两胁淡黄褐色。游泳时频频潜水，身体浮出水面较多。

生态习性：栖息于湖泊、水塘、水渠、池塘和沼泽地带，也见于水流缓慢的江河和沿海芦苇沼泽中。多单独或成对活动，有时也集成三五只或十余只的小群。善游泳和潜水，在陆地上亦能行走，但行动迟缓笨拙。飞行能力弱，在水面起飞时需要涉水助跑一段距离，飞行距离短而且飞得不高。在陆地上则根本不能起飞。飞行时头颈向前伸直，脚拖于尾后，两翅鼓动较快。

食性：通常白天活动觅食，通过潜水捕食。食物主要为各种小型鱼类，也吃虾、蜻蜓幼虫、蝌蚪、甲壳类、软体动物和蛙等小型水生无脊椎动物和脊椎动物，偶尔也吃水草等水生植物。

繁殖：繁殖期5—7月。营巢于芦苇丛间，漂浮于水面上，巢由芦苇和水草构成，内垫苔藓或无任何内垫物。

分布区与保护：在我国东部和东南部地区，小䴙䴘数量曾经相当多，但近来由于环境污染，生境条件变差，其种群数量已明显减少。小䴙䴘在我国以外地区的种群数量亦在衰减，应注意保护。

（4）火斑鸠

学名：*Streptopelia tranquebarica*

英文名：Red Turtle Dove

系统位置：鸽形目 Columbiformes　鸠鸽科 Columbidae

基本信息：中型鸟类，体长20～23厘米。嘴黑色，脚褐红色。雄鸟头和颈蓝灰色，后颈有黑色颈环，背、胸和上腹紫葡萄红色，飞羽黑色，外侧尾羽黑色，末端白色。雌鸟上体灰褐色，下体较淡，后颈黑色颈环外具白边。

生态习性：栖息于开阔的平原、田野、村庄、果园和山麓疏林及宅旁竹林地带，也出现于低山丘陵和林缘地带。常成对或成群活动，有时亦与山斑鸠和珠颈斑鸠混群活动。喜欢栖息于电线上或高大的枯枝上。飞行甚快，常发出"呼呼"的振翅声。

食性：主要以植物种子和果实为食，也吃稻谷、玉米、荞麦、小麦、高粱、油菜籽等农作物种子，有时也吃白蚁、蛹和昆虫等动物性食物。

繁殖：繁殖期2—8月，北方主要在5—7月。成对营巢繁殖，通常营巢于低山或山脚丛林和疏林中的乔木树上，巢多置于隐蔽性较好的低枝上。

分布区与保护：我国南方较常见，北方较稀少。

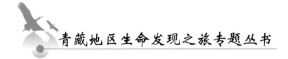

青藏地区生命发现之旅专题丛书

（5）大杜鹃

学名：*Cuculus canorus*

英文名：Common Cuckoo

系统位置：鹃形目 Cuculiformes　杜鹃科 Cuculidae

基本信息：中型鸟类，体长28～37厘米。上体暗灰色，翅缘白色，杂有窄细的白色横斑。尾无黑色亚端斑，腹具细密的黑褐色横斑。额浅灰褐色，头顶、枕至后颈暗银灰色。背暗灰色。两侧尾羽浅黑褐色。

生态习性：栖息于山地、丘陵和平原地带的森林中，有时也出现于农田和居民点附近高大的乔木树上。性孤僻，常单独活动。

食性：主要以松毛虫、舞毒蛾、松针枯叶蛾，以及其他鳞翅目幼虫为食，也吃蝗虫、步行虫、叩头虫、蜂等其他昆虫。

繁殖：繁殖期5—7月。无固定配偶，亦不自己营巢和孵卵，而是将卵产于麻雀、伯劳、棕头鸦雀、北红尾鸲等各类雀形目鸟类巢中，由这些鸟代孵代育。

分布区与保护：数量较多，分布比较普遍。大杜鹃是一种很有益的森林鸟类，能消灭大量森林害虫，在植物保护和维持自然生态平衡方面都有很大意义，应注意保护。

（6）黑颈鹤

学名：*Grus nigricollis*

英文名：Black-necked Crane

系统位置：鹤形目 Gruiformes　鹤科 Gruidae

基本信息：大型涉禽，体长110～120厘米。颈、脚甚长，通体灰白色，眼先和头顶裸露皮肤暗红色，头和颈黑色，尾和脚亦为黑色。野外特征甚明显，容易识别。

生态习性：栖息于海拔3000～5000米的高原草甸沼泽和芦苇沼泽以及湖滨草甸沼泽和河谷沼泽地带。除繁殖期常单只、成对或家族群活动外，其他季节多成群活动，特别是冬季在越冬地，常集成数十只的大群。从天亮开始活动，一直到黄昏，大部分时间都在觅食。中午多在沼泽边或湖边浅滩处休息，一脚站立，将嘴插于背部羽毛中。

食性：主要以植物叶、根茎、荆三棱、块茎及水藻、玉米、砂粒为食。

繁殖：繁殖期5—7月。一雌一雄制。通常在3月中下旬到达繁殖地后，即开始求偶和配对。通常营巢于四周环水的草墩上或茂密的芦苇丛中，巢甚简陋，主要由就近收集的枯草构成，雏鸟早成性，孵出当日即能行走。

分布区与保护：黑颈鹤是珍稀濒危鸟类，主要繁殖于青藏高原、甘肃、四川，越冬于云贵高原。目前，国际鸟类保护委员会已将黑颈鹤列入世界濒危鸟类红皮书，我国亦将黑颈鹤列入国家重点保护野生动物名录，属国家一级保护鸟类。

（7）金眶鸻

学名：*Charadrius dubius*

英文名：Little Ringed Plover

系统位置：鸻形目 Charadriiformes　鸻科 Charadriidae

基本信息：小型涉禽，体长15～18厘米。夏羽上体沙褐色，眼周金黄色。嘴黑色。后颈具一白色领环，往前与额、喉白羽相连。紧接白色领环之后有一窄的黑色领环，到前胸黑环变宽。脚橙黄色或黄绿色。

生态习性：栖息于开阔平原和低山丘陵地带的湖泊、河流、岸边以及附近的沼泽、草地和农田地带。常单独或成对活动。

食性：主要吃鳞翅目、鞘翅目及其他昆虫、昆虫幼虫、蠕虫、蜘蛛、甲壳类、软体动物等小型水生无脊椎动物。

繁殖：繁殖期5—7月。营巢于河流、湖泊岸边或河心小岛及沙洲上，也见于海滨沙石地上或水稻田间营巢。

分布区与保护：种群数量较多，分布较普遍。

（8）红脚鹬

学名：*Tringa totanus*

英文名：Common Redshank

系统位置：鸻形目 Charadriiformes　鹬科 Scolopacidae

基本信息：小型涉禽，体长26～29厘米。夏羽上体呈锈褐色，具黑褐色羽干纹。下体白色。颏至胸具黑褐色纵纹，两胁具黑褐色横斑。嘴长直而尖，橙红色，尖端黑色。脚亦较长，橙红色。飞翔时翅上具宽阔的白色翅带。冬羽和夏羽相似，但色较淡，上下体斑纹不明显。

生态习性：栖息于沼泽、草地、河流、湖泊、水塘、海滨、河口沙洲等水域或水域附近湿地，平原、荒漠、半荒漠、高山、丘陵、高原以及泰加林地带等各类生境中的水域和湿地均有栖息。非繁殖期主要在沿海沙滩和附近盐碱沼泽地带活动，少量在内陆湖泊、河流、沼泽与湿草地上活动和觅食。常单独或成小群活动，休息时则成群。性机警，飞翔能力强，受惊后立刻冲起，从低至高成弧状飞行，边飞边叫。

食性：主要以螺、甲壳类、软体动物、环节动物、昆虫和昆虫幼虫等各种小型陆栖和水生无脊椎动物为食，常在浅水处或水边沙地、泥地上觅食，多分散单独觅食。个体有占领和保卫觅食领域行为。

繁殖：繁殖期5—7月。到达繁殖地的初期常成小群活动，而后逐渐分散，成对进入各自的繁殖地，有时也成数对在一处营巢繁殖。雄鸟求偶时两翅上举，在雌鸟周围不断抖动，头上下晃动，且不时细声鸣叫。通常营巢于海岸、湖边、河岸和沼泽地上。巢多置于水边草丛中较为干燥的地上或沼泽湿地中地势较高的土丘上，一般较为隐蔽。巢多利用地面凹坑，或在地上扒一圆形浅坑，直径15厘米左右，内垫以枯草和树叶即成。

分布区与保护：广泛分布于我国东北、西北和西南部分地区，部分越冬于云南、长江流域及东南沿海一带，种群数量较多。

（9）黑鸢

学名：*Milvus migrans*

英文名：Black Kite

系统位置：鹰形目 Accipitriformes　鹰科 Accipitridae

基本信息：中型猛禽，体长54～69厘米。上体暗褐色，下体棕褐色，均具黑褐色羽干纹，尾较长，呈叉状，具宽度相等的黑色和褐色相间排列的横斑；飞翔时翼下左右各有一块大的白斑。

生态习性：栖息于开阔平原、草地、荒原和低山丘陵地带，也常在城郊、村屯、田野、港湾、湖泊上空活动，偶尔也出现在海拔2000米以上的高山森林和林缘地带。白天活动，常单独在高空翱翔，秋季有时亦成2～3只的小群。飞行快而有力，能很熟练地利用上升的热气流升入高空长时间盘旋翱翔，两翅平伸不动，尾亦散开，像舵一样不断摆动和变换形状以调节前进方向，两翅亦不时抖动。通常呈圈状盘旋翱翔，边飞边鸣，鸣声尖锐。性机警，人难以接近。

食性：主要以小鸟、鼠类、蛇、蛙、鱼、野兔、蜥蜴和昆虫等动物性食物为食，偶尔也吃家禽和动物腐尸。觅食主要依靠敏锐的视觉，通过在空中盘旋来寻找和观察猎物，当发现猎物时，即迅速俯冲直下，扑向猎物，用利爪抓劫而去，飞至树上或岩石上啄食。

繁殖：繁殖期4—7月。营巢于高大树木距地10米以上处，也营巢于悬崖峭壁上。巢呈浅盘状，主要由干树枝构成，结构较为松散，内垫以枯草、纸屑、破布、羽毛等柔软物。雌雄亲鸟共同营巢，通常雄鸟运送巢材，雌鸟留在巢上筑巢。

分布区与保护：全国均有分布。种群数量稀少，属国家二级保护鸟类。

（10）大斑啄木鸟

学名：*Dendrocopos major*

英文名：Great Spotted Woodpecker

系统位置：䴕形目 Piciformes　啄木鸟科 Picidae

基本信息：中型鸟类，体长20～25厘米。上体主要为黑色，额、颊和耳羽白色，肩和翅上各有一块大的白斑。尾黑色，外侧尾羽具黑白相间横斑，飞羽亦具黑白相间的横斑。下体污白色，无斑；下腹和尾下覆羽鲜红色。雄鸟枕部红色。

生态习性：栖息于山地和平原针叶林、针阔叶混交林和阔叶林中。常单独或成对活动。繁殖后期则成松散的家族群活动。

食性：主要以甲虫、蚁科、蚊科、胡蜂科、鳞翅目、鞘翅目等各种昆虫、昆虫幼虫为食，也吃蜗牛、蜘蛛等其他小型无脊椎动物，偶尔也吃橡实、松子、稠李和草籽等植物性食物。

繁殖：繁殖期4—5月。营巢于树洞中，巢洞多选择心材已腐朽的阔叶树树干，有时也在粗的侧枝上。

分布区与保护：分布于西藏东部、云南西部和南部。种群数量较多，较常见。

（11）猎隼

学名：*Falco cherrug*

英文名：Saker Falcon

系统位置：隼形目 Falconiformes　隼科 Falconidae

基本信息：中型猛禽，体长42～60厘米。前额和眼先白色，头顶暗褐色，具肉桂色纵纹，眉纹白色，后颈和颈侧乳白色，眼下有一显著的暗色纹。上体暗褐色，满杂以棕黄色或桂皮黄色横斑和羽缘。下体白色，具淡皮黄色斑点或横斑，两侧较暗。

生态习性：栖息于低山丘陵和山脚平原地区，常在无林或仅有少许树木的旷野和多岩石的山丘地带活动。

食性：主要以中小型鸟类、野兔、鼠类等动物性食物为食，在地上和空中捕食。

繁殖：繁殖期4—6月。营巢于树上或悬崖岩石上，有时也利用其他鸟类的旧巢。巢由枯枝构成，内垫兽毛和鸟类羽毛，巢可多年使用。

分布区与保护：见于四川省德格和石渠、西藏。数量稀少，已被列为国家重点保护野生动物，属国家二级保护鸟类。

（12）长尾山椒鸟

学名：*Pericrocotus ethologus*

英文名：Long-tailed Minivet

系统位置：雀形目 Passeriformes　山椒鸟科 Campephagidae

基本信息：小型鸟类，体长17～20厘米。雄鸟头和上背亮黑色，下背至尾上覆羽以及自胸起的整个下体赤红色。两翅和尾黑色，翅上具红色翼斑，第一枚初级飞羽外缘粉红色，内侧2～4枚飞羽具红色羽缘。尾具红色端斑，最外侧一对尾羽几乎全为红色。雌鸟前额黄色，头顶至后颈暗褐灰色，背灰橄榄绿或灰黄绿色，腰和尾上覆羽鲜黄绿色。两翅和尾同雄鸟，但红色被黄色替代。颊、耳羽灰色，额灰白或黄白色，其余下体黄色。

生态习性：主要栖息于山地森林中，无论是山地常绿阔叶林、落叶阔叶林、针阔叶混交林，还是针叶林，都见有栖息。也出入于林缘次生林和杂木林，尤其喜欢栖息在疏林草坡乔木树顶上，冬季也常见于山麓和平原地带疏林内。常成3～5只的小群活动，有时也成10多只的大群或单独活动。

食性：主要以昆虫为食，种类主要有金龟子、金花虫、瓢虫、椿象、石蚕蛾、凤蝶幼虫等鳞翅目、鞘翅目、啮虫目、直翅目和膜翅目等昆虫。

繁殖：繁殖期5—7月。通常营巢于海拔1000～2500米的森林中的乔木树上，也在山边树上营巢。雏鸟晚成性，雌雄亲鸟共同育雏。

分布区与保护：分布于西藏南部和云南。该鸟基本以昆虫为食，对农林业有益，应注意保护。

（13）灰卷尾

学名：*Dicrurus leucophaeus*

英文名：Ashy Drongo

系统位置：雀形目 Passeriformes　卷尾科 Dicruridae

基本信息：大小和黑卷尾相似，体长25～32厘米。通体灰色，随亚种不同而有较大变化，从淡灰色到深灰色均有。尾长而分叉，呈叉状尾，这是最主要的鉴别特征。相似种黑卷尾通体黑色而不为灰色，与之区别明显。

生态习性：主要栖息于山地森林中，尤以低山丘陵和山脚平原地带的疏林和次生阔叶林较为常见，有时亦出现在农田、果园和村落附近的树上。常单独或成对活动，有时亦集成3～5只的小群。鸣声单调粗犷，似"喳——喳——喳"声。

食性：主要以蚂蚁、蜂、牛虻、龙虱、螳螂、金龟子等昆虫为食，偶尔也吃杂草种子和植物果实等植物性食物。

繁殖：繁殖期4—7月。领域性甚强，当猛禽或其他有威胁性鸟类侵入巢区时则猛烈进行攻击、搏斗，并高声鸣叫，直至将入侵者赶出巢区后才返回。通常营巢于乔木顶部树冠层侧枝枝杈上。雌雄亲鸟轮流孵卵。

分布区与保护：灰卷尾在我国种群数量较多，分布于西藏东南部和云南。

（14）灰背伯劳

学名：*Lanius tephronotus*

英文名：Grey-backed Shrike

系统位置：雀形目 Passeriformes　伯劳科 Laniidae

基本信息：中型鸟类，体长22～25厘米。头顶至下背暗灰色，腰和尾上覆羽棕色，尾黑褐色具浅棕色羽缘。两翅黑褐色，前额基部、眼先、眼周、颊和耳羽黑色，形成一条宽阔的黑色贯眼纹，淡色的头侧甚为醒目。下体白色，两胁和尾下覆羽棕色。

生态习性：主要栖息于低山次生阔叶林和混交林林缘地带，也出入于村寨、农田和路边人工松树林、灌丛和稀树草坡。常单独或成对活动，喜欢站在树干顶枝上和电线上，当发现地上或空中有猎物时，立刻飞去抓捕，然后飞回原来的地方。垂直迁徙现象明显，夏季通常上到海拔2500～4000米的中山林缘地带，而冬季则多下到低山和山脚平原地带。

食性：主要以昆虫等动物性食物为食，常见食物有甲虫、蚂蚁、鳞翅目幼虫等昆虫，也吃小鸟和啮齿动物。

繁殖：繁殖期5—7月。营巢于小树或灌木侧枝上。每窝产卵4～6枚，多为5枚。

分布区与保护：灰背伯劳在我国主要分布在西南地区，种群数量不丰富。

（15）黄嘴山鸦

学名：*Pyrrhocorax graculus*

英文名：Yellow-billed Chough

系统位置：雀形目 Passeriformes　鸦科 Corvidae

基本信息：外形、大小和羽色与红嘴山鸦大致相似，体长38～42厘米。通体黑色，嘴较红嘴山鸦细而短，颜色亦不同，为黄色，脚亦为黄色，不难与红嘴山鸦相区分。

生态习性：黄嘴山鸦是典型的高山和高原鸟类，主要栖息于海拔3000～6000米的高山灌丛、草地、荒漠和悬岩岩石等开阔地带，冬季有时也下到海拔2000米左右的中山和山脚地带。常成群活动，有时也见和红嘴山鸦、渡鸦混群活动。多在高山草地、牧场和农田地区觅食，尤其喜欢在垃圾堆中翻找食物，有时也在正在吃草的牛、羊附近的旷野上翻土觅食，性胆大而机警，叫声嘈杂。

食性：主要以甲虫、蝗虫等昆虫和昆虫幼虫为食，也吃蜗牛、鼠类、野果、草籽等其他食物。

繁殖：繁殖期4—6月，营巢于悬岩岩石洞中和缝隙中，常成群在一起营巢。巢呈杯状，主要由枯枝、枯草茎、草叶、毛等材料构成。每窝产卵3～4枚，卵淡黄色或黄灰白色，微具褐色斑点。

分布区与保护：黄嘴山鸦在我国仅分布于西部高原山地，种群数量不丰富。

（16）褐冠山雀

学名：*Parus dichrous*

英文名：Grey-crested Tit

系统位置：雀形目 Passeriformes　山雀科 Paridae

基本信息：小型鸟类，体长10～12厘米。头顶和长的羽冠褐灰色或灰色，其余上体橄榄褐色或暗灰色，额、眼先、颊和耳覆羽皮黄色，颈侧棕白色，形成半领环状。下体淡棕色或棕褐色，两翅和尾褐色。我国还未见其他与之相似种类，野外容易识别。

生态习性：主要栖息在海拔2500～4200米的高山针叶林中，尤在以冷杉、云杉等杉木为主的针叶林中较常见，也见于杉木、栎树、箭竹等针阔叶混交林、栎林、次生杨桦林和林缘疏林灌丛。常单独或成对活动，也成几只至十余只的小群。多活动在树林中下层。性活泼，行动敏捷，常在枝叶间跳来跳去，也在林下灌丛和地上活动和觅食。

食性：主要以昆虫和昆虫幼虫为食，也吃部分植物果实和种子。

繁殖：繁殖期5—7月。营巢于天然树洞或缝隙中。巢由苔藓构成，内垫树皮纤维和毛。每窝产卵5枚，卵白色，被有栗色斑点。

分布区与保护：分布于云南西北部、西藏东南部和北部。在我国种群数量不丰富。

（17）小云雀

学名：*Alauda gulgula*

英文名：Oriental Skylark

系统位置：雀形目 Passeriformes　百灵科 Alaudidae

基本信息：小型鸟类，体长14～17厘米。上体沙棕色或棕褐色，具黑褐色纵纹，头上有一短的羽冠，当受惊竖起时才明显可见。下体白色或棕白色，胸棕色，具黑褐色羽干纹。

生态习性：主要栖息于开阔平原、草地、低山平地、河边、沙滩、草丛、荒山坡、农田、荒地，以及沿海平原地区。除繁殖期成对活动外，其他时候多成群，善奔跑，主要在地上活动，有时也停歇在灌木上。常突然从地面垂直飞起，边飞边鸣，直上高空，连续拍击翅膀，并能悬停于空中片刻，再拍翅高飞，有时飞得太高，仅能听见鸣叫而难见其影。降落时常突然两翅相叠，疾速下坠，或缓慢向下滑翔。有时亦见与鹨混群活动。

食性：主要以植物性食物为食，也吃昆虫等动物性食物，属杂食性。植物性食物主要有禾本科、莎草科、蓼科、茜草科和胡枝子等植物性食物，也吃少量麦粒、豆类等农作物。动物性食物主要有象甲虫、蚂蚁、鳞翅目、鞘翅目等昆虫和昆虫幼虫。

繁殖：小云雀繁殖期4—7月。通常营巢于地面凹处，巢多置于草丛中或树根与草丛旁，隐蔽性较好，但有时也置巢于裸露的地面上，巢旁无任何植物遮蔽。巢主要由枯草茎、叶构成，内垫有细草茎和须根。巢呈杯状。每窝产卵3～5枚。

分布区与保护：小云雀广泛分布于我国南部，种群数量丰富，是低山平原草地常见鸟类之一。由于主要以昆虫和草籽为食，鸣声又悦耳动听，因此不仅在植物保护、维持自然生态平衡方面具有重要意义，而且是一种很好的笼养观赏鸟，深受人们的喜爱。

（18）金腰燕

学名：*Cecropis daurica*

英文名：Red-rumped Rwallow

系统位置：雀形目 Passeriformes 燕科 Hirundinidae

基本信息：外形和大小与家燕相似，体长16～20厘米。上体蓝黑色而具金属光泽，腰有棕栗色横带。下体棕白色而具黑色纵纹。尾长，呈深叉状。

生态习性：金腰燕是我国常见的一种夏候鸟，主要栖于低山丘陵和平原地区的村庄、城镇等居民住宅区。常成群活动，少则几只、十余只，多则数十只，迁徙期间有时集成数百只的大群。性极活泼，喜欢飞翔，一天中大部分时间都在村庄和附近田野及水面上空飞翔。飞行姿态轻盈而悠闲，有时也能像鹰一样在天空中翱翔和滑翔，有时又像闪电一样掠水而过，极为迅速而灵巧。休息时多停歇在屋顶、房檐和房前屋后湿地和电线上，并常发出"唧唧"的叫声。

食性：主要以昆虫为食，且主要吃飞行性昆虫。据赵正阶等（1981）在长白山的观察，所食主要有蚊、虻、蝇、蚁、蜂、椿象、甲虫等双翅目、膜翅目、半翅目和鳞翅目昆虫。

繁殖：金腰燕在我国的繁殖期为4—9月，随地区而不同。通常营巢于人类房屋等建筑物上，巢多置于屋檐下、天花板上或房梁上。筑巢时金腰燕常将泥丸拌以麻、植物纤维和草茎在房梁和天花板上堆砌成半个曲颈瓶状或葫芦状的巢。瓶颈即巢的出入口，扩大的末端即巢室，内垫以干草、破布、棉花、毛发、羽毛等柔软物。雌雄亲鸟共同营巢，喜欢重复利用旧巢，即使巢已很破旧，也常常加以修理后再用。

分布区与保护：金腰燕在我国分布广、数量多。但近来受到人们的影响，金腰燕的种群数量明显减少，不少地区已难见到踪迹。为了保护这一有益鸟类，有的地区已将它列入地方保护鸟类名单。

（19）黄臀鹎

学名：*Pycnonotus xanthorrhous*

英文名：Brown-breasted Bulbul

系统位置：雀形目 Passeriformes　鹎科 Pycnonotidae

基本信息：外形大小和红耳鹎相似，体长17～21厘米。额至头顶黑色，无羽冠或微具短而布满的羽冠，下嘴基部两翅各有一小红斑，耳羽灰褐色或棕褐色，上体土褐色或褐色。额、喉白色，其余下体近白色，胸具灰褐色横带，尾下覆羽鲜黄色。

生态习性：主要栖息于中低山和山脚平坝与丘陵地区的次生阔叶林、栎林、混交林和林缘地区。除繁殖期成对活动外，其他季节均成群活动。

食性：主要以植物果实和种子为食，也吃昆虫等动物性食物，但幼鸟几乎只以昆虫为食。

繁殖：繁殖期4—7月。通常营巢于灌丛和竹林间，也在林下小树上营巢。

分布区和保护：本种在我国分布较广，数量较丰富，是长江以南低山丘陵地区较常见的一种森林灌丛鸟类。

（20）栗头树莺

学名：*Cettia castaneocoronata*

英文名：Chestnut-headed Tesia

系统位置：雀形目 Passeriformes　树莺科 Cettiidae

基本信息：小型鸟类，体长8～10厘米。额至头顶以及眼先和头侧亮栗色，眼后有一黄色小斑，深色的头部甚为醒目。上体橄榄褐色，尾甚短。下体鲜黄色，胸和两胁橄榄绿色。

生态习性：主要栖息于常绿阔叶林、栎树林、次生林等山地森林下部灌丛与草丛中，也栖息于林缘灌丛、竹丛和草丛。常单独或成对活动。

食性：主要以昆虫和昆虫幼虫为食，也吃草籽和其他植物的果实与种子。

繁殖：繁殖期6—8月。通常营巢于林下灌木或树枝杈上。

分布区和保护：分布于云南西部与西北部、西藏南部与东南部，在我国种群数量不太丰富，特别是近几十年来由于森林砍伐等因素的影响，分布区域明显缩小，种群数量亦有所下降，应注意保护。

（21）黑眉长尾山雀

学名：*Aegithalos bonvaloti*

英文名：Black-browed Bushtit

系统位置：雀形目 Passeriformes　长尾山雀科 Aegithalidae

基本信息：小型鸟类，体长10～12厘米。额白色，头顶和后颈黑色，头顶具白色中央纵纹，眼先和眼下方黑色，形成一条宽阔的贯眼纹一直到耳羽。上体橄榄灰色，上背和肩缀有棕褐色，胸具棕褐色横带。

生态习性：主要栖息于海拔2000～2700米的华山松、云南松等针叶树和栎类植物混生的针阔叶混交林中。除繁殖期成对活动外，常成十多只的松散小群穿梭于树木枝叶间，并发出微弱的"吱、吱、吱"叫声。

食性：主要食物为昆虫和草籽。

繁殖：繁殖期4—6月。巢呈椭圆形，开口于近顶端的一侧，用苔藓、地衣、绵羊毛、细藤等材料网织而成，内垫有雉鸡、白腹锦鸡、山斑鸠以及家鸡等鸟类的羽毛，并在开口处用这些羽毛做檐，制作较为紧密、精致。

分布区与保护：分布于西藏东南部和云南，在我国种群数量不太丰富。

（22）白眉雀鹛

学名：*Fulvetta vinipectus*

英文名：White-browed Fulvetta

系统位置：雀形目 Passeriformes　莺鹛科 Sylviidae

基本信息：小型鸟类，体长11～14厘米。头顶暗灰褐色具粗且显著的白色眉纹，眉纹上各有一道宽阔的黑色纵纹，从头顶两侧一直延伸至后颈，极为醒目。上体黄棕色，两侧大都锈棕色，外缘白色。额、喉至胸白色，其余下体茶黄色。

生态习性：主要栖息于海拔1400～3800米的常绿阔叶林、混交林和针叶林及林缘灌丛中，在西藏最高见于海拔4100米左右地区。除繁殖期成对活动外，其他季节多成小群活动，有时亦见与其他小鸟混群活动。在林下灌丛间、树干上和树枝间活动和觅食。性活泼，行动敏捷，常频繁地在灌丛和树枝间跳跃或飞来飞去，不时发出"嘁、嘁、嘁"的叫声。

食性：主要以膜翅目、同翅目、鞘翅目等昆虫为食，也吃虫卵、多足纲动物等其他无脊椎动物和植物果实与种子等。

繁殖：繁殖期5—7月。通常营巢于海拔1500～3500米的山地森林中。巢呈深杯状，主要由草茎、竹叶、根等材料构成，外面通常有一些绿色苔藓，内垫有细根、毛发和羽毛，多置于林下灌木上。

分布区与保护：分布于西藏南部和云南，在我国的种群数量不丰富。

（23）纹喉凤鹛

学名：*Yuhina gularis*

英文名：Stripe-throated Yuhina

系统位置：雀形目 Passeriformes　绣眼鸟科 Zosteropidae

基本信息：小型鸟类，体长13～16厘米。头顶和羽冠暗褐色或褐灰色，上体橄榄褐色，飞羽黑褐色，外侧次级飞羽表面橙黄色，构成一块纵形翼斑，极为醒目。颏、喉淡棕白色，具黑色纵纹，腹和尾下覆羽橙黄色。

生态习性：在西藏主要栖息于海拔2800～3800米的森林中，在云南和四川分布高度可下到海拔1800米处的山地，冬季还可下到海拔1200米的地区，属高山森林鸟类。多活动在常绿林和混交林及其林缘疏林灌丛中，繁殖期间成对或单独活动，非繁殖期多成小群或与其他小鸟混群活动。常在小树或灌木顶枝间活动和觅食，有时也下到地上灌木丛与竹丛间。

食性：主要以花、花蜜、果实、种子等植物性食物为食，也吃鞘翅目、鳞翅目、膜翅目等昆虫及其幼虫。

分布区与保护：主要分布于西南地区，在我国种群数量不丰富。

（24）高山旋木雀

学名：*Certhia himalayana*

英文名：Bar-tailed Treecreeper

系统位置：雀形目 Passeriformes　旋木雀科 Certhiidae

基本信息：小型鸟类，体长13～15厘米。上体黑褐色，羽端具大小不等的灰白色羽干斑，腰锈棕色，两翅和尾淡棕褐色，具黑褐色横斑，眉纹棕白色。额、喉乳白色，其余下体灰棕色。雌雄羽色相似。

生态习性：主要栖息于海拔1100～3600米的山地针叶林和针阔叶混交林中，冬季多下到山脚和海拔500米左右的平原地带。多单独或成对活动，非繁殖期有时也成2～3只的小群或与山雀等其他小鸟混群活动。性活泼，行动敏捷，常沿树干呈螺旋形向上攀缘，啄食树木表面或树皮缝隙中的昆虫。

食性：主要以昆虫为食。

繁殖：繁殖期4—6月，高山地区延迟到7月。通常营巢于树皮爆裂后与树干形成的裂隙中，以及树的其他裂缝和树皮缝隙中。营巢由雌雄亲鸟共同承担。1年繁殖1窝。

分布区与保护：分布于西藏东南部、云南北部和西部，种群数量不丰富。

（25）栗臀鸸

学名：*Sitta nagaensis*

英文名：Chestnut-vented Nuthatch

系统位置：雀形目 Passeriformes　鸸科 Sittidae

基本信息：小型鸟类，体长12～13厘米。上体石板蓝灰色，有一条长的黑色贯眼纹从嘴基经眼一直延伸到枕，头侧、颈侧和下体灰色，体侧富有栗色。

生态习性：主要分布在海拔1500～3000米的针叶林和针阔叶混交林中，栖息地海拔明显较普通鸸高。常单独或成对活动，繁殖期后亦成家族群或与其他小鸟混群活动。

食性：主要以鞘翅目和鳞翅目幼虫等昆虫为食，也吃少量植物种子等植物性食物。

繁殖：繁殖期4—6月。营巢于各类树洞中。

分布区和保护：分布于西藏东部与东南部、云南，种群数量较丰富。

（26）鹪鹩

学名：*Troglodytes troglodytes*

英文名：Eurasian Eren

系统位置：雀形目 Passeriformes　鹪鹩科 Troglodytidae

基本信息：小型鸟类，体长9~11厘米。尾短小，常垂直上翘，体羽栗褐色或暗棕褐色，满布黑色细横纹。眉纹灰白色或白色，腰和尾上覆羽棕红色，具黑色横斑。常单独在林下地上、倒木上和灌丛间活动，性活跃，尾向上翘得很高。

生态习性：主要栖息于阔叶林、针阔叶混交林、针叶林、次生林等各种类型的森林中，从山脚平原到海拔5000米左右的高山苔原地带均有分布。平时单独活动。

食性：主要以蚊、蝇、蚂蚁、蝗虫等鳞翅目、双翅目、膜翅目、半翅目昆虫和昆虫幼虫为食，也吃蜘蛛等其他无脊椎动物和少量浆果等植物性食物。

繁殖：繁殖期5—7月。多营巢于河流与小溪岸边阴暗潮湿的树根、倒木下，以及溪边岩石缝隙和树洞中。

分布区与保护：在我国分布较广，种群数量较丰富，是一种很有益的森林鸟类，应注意保护。

（27）河乌

学名：*Cinclus cinclus*

英文名：White-throated Dipper

系统位置：雀形目 Passeriformes　河乌科 Cinclidae

基本信息：小型水边鸟类，体长17～20厘米。全身除颏、喉、胸为白色外，其余体羽均为灰褐色或棕褐色。在野外极易辨认。

生态习性：栖息于海拔800～4500米的山区溪流与河谷地带，尤以流速较快、水质清澈的沙石河谷地带较常见。也常停歇在河边或露出水面的石头上，尾上翘或不停地上下摆动，有时亦见沿河谷上下飞行。飞行时两翅扇动较快，飞行急速，且紧贴水面。亦能游泳和潜入水底，并在水底石上行走，甚至能逆水而行，游泳和潜水时主要靠两翼驱动。常单独或成对活动。性机警，行动敏捷，起飞和降落时发出尖锐的叫声，在水中觅食。

食性：主要以蚊、蚋等水生昆虫、昆虫幼虫、小型甲壳类、软体动物、鱼等水生动物为食，偶尔也吃水藻等水生藻类植物。

繁殖：繁殖期5—7月。常成对营巢，多营巢于山溪、急流边的石隙中，也在河边洞穴中、突出的岩石下、树根下或岩石缝隙中营巢。巢呈球形或椭圆形，侧面开口。营巢主要由雌鸟承担。巢主要由苔藓、细根、枯草、柳树叶等材料构成，内垫以动物毛发和软的苔藓等。每窝产卵3～7枚，多为4～6枚。

分布区与保护：河乌在我国种群数量较丰富。

（28）家八哥

学名：*Acridotheres tristis*

英文名：Common Myna

系统位置：雀形目 Passeriformes　椋鸟科 Sturnidae

基本信息：中型鸟类，体长24～26厘米。整个头、颈黑色，微具蓝色光泽。背葡萄灰褐色，飞羽黑褐色，基部白色，形成显著的白色翅斑。尾黑色，具白色端斑。胸和两胁同背，但较淡，腹和尾下覆羽白色。眼周裸皮以及嘴和脚橙黄色。

生态习性：主要栖息于海拔1500米以下的低山丘陵和山脚平原等开阔地区，尤以农田、草地、果园和村寨附近较常见，也见于城市公园。常成群活动，有时也和斑椋鸟混群活动。主要在地上活动和觅食，也常伴随家畜活动和觅食，有时站在家畜背上啄食寄生虫。休息时多停于树上或电线杆上，很少进入森林和无人居住的地方，是一种和人类居住环境联系密切的鸟类。

食性：主要以蝗虫、蚱蜢、甲虫、蚊、虻等昆虫和昆虫幼虫为食，也吃谷粒、植物果实和种子等农作物和植物性食物。

繁殖：繁殖期3—7月。通常营巢于屋顶下和树洞中，每窝产卵4～6枚。

分布区与保护：在我国种群数量不甚丰富。

（29）棕背黑头鸫

学名：*Turdus kessleri*

英文名：Kessler's thrush

系统位置：雀形目 Passeriformes　鸫科 Turdidae

基本信息：中型鸟类，体长24～29厘米。雄鸟整个头、颈、额、喉、两翅和尾概为黑色，其余上、下体羽栗色，翕和上胸棕白色，在上、下体羽黑色和栗色之间形成一棕白色带，甚为醒目。雌鸟头顶橄榄褐色，两翅和尾暗褐色，其余体羽棕黄色。特征均甚明显，容易识别。目前我国还未见其他与之相似的种类。

生态习性：棕背黑头鸫是一种高山、高原鸟类，栖息于海拔3000～4500米的高山针叶林和林线以上的高山灌丛地带，即使冬季一般也不下到海拔1500米以下的山脚和平原地带。常单独或成对活动，有时也成群活动，多在林下、林缘灌丛、农田地边、溪边草地以及路边树上或灌丛中活动。性沉静而机警，一般较少鸣叫，遇有危险时则发出大而刺耳的惊叫声。飞行时常贴地面低空飞行，通常在鼓翼飞翔一阵后接着滑翔。

食性：主要以鞘翅目、鳞翅目等昆虫和昆虫幼虫为食。

繁殖：繁殖期5—7月。通常营巢于溪边岩隙中，巢主要由枯草茎、草叶、草根等构成，内垫动物毛发和鸟类羽毛。每窝产卵4～5枚。

分布区与保护：棕背黑头鸫是我国特有鸟类，种群数量不丰富。

（30）白喉红尾鸲

学名：*Phoenicuropsis schisticeps*

英文名：White-throated Redstart

系统位置：雀形目 Passeriformes　鹟科 Muscicapidae

基本信息：小型鸟类，体长14～16厘米。雄鸟额至枕钴蓝色，头侧、背、两翅和尾黑色，翅上有一大型白斑，腰和尾上覆羽栗棕色。额、喉黑色，下喉中央有一白斑，在四周黑色衬托下极为醒目，其余下体栗棕色，腹部中央灰白色。雌鸟上体橄榄褐色沾棕，腰和尾上覆羽栗棕色，翅暗褐色，具白斑，尾棕褐色。下体褐灰色沾棕，喉亦具白斑。特征均甚明显，在野外不难识别。特别是通过喉部特有的白斑，很容易与其他红尾鸲相区分。

生态习性：白喉红尾鸲是一种高山森林和高原灌丛鸟类。繁殖期间主要栖息于海拔2000～4000米的高山针叶林以及林线以上的疏林灌丛和沟谷灌丛中，冬季常下到中低山和山脚地带活动。常单独或成对活动在林缘与溪流沿岸灌丛中。性活泼，频繁地在灌丛间跳跃或飞上飞下。

食性：主要以鞘翅目、鳞翅目等昆虫和昆虫幼虫为食，也吃植物果实和种子。

繁殖：繁殖期5—7月。营巢于树洞、岩壁洞穴及河岸坡洞中。巢的形状呈杯状，主要由枯草和苔藓构成。每窝产卵3～4枚。

分布区与保护：白喉红尾鸲是我国特产鸟类，主要分布于我国西南地区，少数冬季也出现于喜马拉雅山麓的尼泊尔、印度锡金、印度阿萨姆和孟加拉国及缅甸北部一带。种群数量较丰富。

（31）蓝额红尾鸲

学名：*Phoenicuropsis frontalis*

英文名：Blue-fronted Redstart

系统位置：雀形目 Passeriformes　鹟科 Muscicapidae

基本信息：小型鸟类，体长14～16厘米。雄鸟前额和一短眉蓝色，其余头顶、背、颊、喉、胸概为黑色沾蓝，两翅暗褐色，其余上下体羽橙棕色。中央尾羽黑色，外侧尾羽具黑色端斑。雌鸟上下体羽均暗褐色沾棕，但下体和两翅、尾以及腰部稍淡，眼周有一明显的白圈。外侧尾羽亦具黑色端斑。

生态习性：繁殖期间主要栖息于海拔2000～4200米的亚高山针叶林和高山灌丛草甸地带，尤以林缘上缘多岩石的疏林灌丛和沟谷灌丛地区较常见，冬季多下到中低山和山脚地带。常单独或成对活动于溪谷、林缘灌丛地带，也频繁出入于路边、农田、茶园和居民点附近的树丛和灌丛，不断地在灌木间蹿来蹿去或飞上飞下。停息时尾不停地上下摆动。除在地上觅食外，也常在空中捕食。

食性：主要以甲虫、蝗虫、毛虫、蚂蚁、鳞翅目幼虫等昆虫为食，也吃少量植物果实和种子。

繁殖：繁殖期5月末至8月初。通常营巢于地上倒木下或岩石掩护下的洞中，也在倒木树洞、岸边和岩壁洞穴中营巢。巢呈杯状，主要由苔藓和枯草构成，内垫动物毛发和鸟类羽毛。

分布区与保护：在我国主要见于西南地区，种群数量不甚丰富。

（32）棕胸岩鹨

学名：*Prunella strophiata*

英文名：Rufous-breasted Accentor

系统位置：雀形目 Passeriformes　岩鹨科 Prunellidae

基本信息：小型鸟类，体长13～15厘米。上体棕褐色，具宽阔的黑色纵纹，眉纹前段白色、较窄，后段棕红色、较宽阔。颈侧灰色，具黑色轴纹。额、喉白色，具黑褐色圆形斑点。胸棕红色，呈带状，胸以下白色，具黑色纵纹。特征明显，在野外不难识别。

生态习性：繁殖期间主要栖息于海拔1800～4500米的高山灌丛、草地、沟谷、高原和林路附近，秋冬季多下到海拔1500～3000米的中低山地区。除繁殖期成对或单独活动外，其他季节多呈家族群或小群活动。性活泼而机警，常在高山矮林、溪谷、溪边柳树灌丛、杜鹃灌丛、高山草甸、岩石荒坡、草地和耕地上活动和觅食，当人接近时，则立即起飞，飞不多远又落入灌丛或杂草丛中。

食性：主要以豆科、莎草科、禾本科和伞形花科等植物的种子为食，也吃花楸、榛子、荚蒾等灌木果实和种子。此外也吃少量昆虫等动物性食物，尤其在繁殖期间捕食昆虫量较大。

繁殖：繁殖期6—7月。通常营巢于灌丛中。巢呈碗状，主要由枯草和苔藓构成，有时掺杂树叶和碎屑，内垫兽毛和羊毛。每窝产卵3～6枚，通常4～5枚。

分布区与保护：在我国仅见于西南地区，种群数量较丰富。

（33）山麻雀

学名：*Passer cinnamomeus*

英文名：Russet Sparrow

系统位置：雀形目 Passeriformes　雀科 Passeridae

基本信息：小型鸟类，体长13～15厘米。雄鸟上体栗红色，背中央具黑色纵纹，头侧白色或淡灰白色，颏、喉黑色，其余下体灰白色或灰白色沾黄。雌鸟上体褐色，具宽阔的皮黄白色眉纹，颏、喉无黑色。

生态习性：栖息于海拔1500米以下的低山丘陵和山脚平原地带的各类森林和灌丛中，在西南和青藏高原地区，也见于海拔2000～3500米的各林带间。多活动于林缘疏林、灌丛和草丛中，不喜欢茂密的大森林，有时也到村镇和居民点附近的农田、河谷、果园、岩石草坡、房前屋后和路边树上活动和觅食。性喜结群，除繁殖期间单独或成对活动外，其他时间多成小群活动，在树枝和灌丛间跳来跳去或飞上飞下，飞行能力较其他麻雀强，活动范围亦较其他麻雀大。冬季常随气候变化移至山麓草坡、耕地和村寨附近活动。

食性：山麻雀属杂食性鸟类，主要以植物性食物和昆虫为食。所吃动物性食物主要为昆虫，植物性食物主要有大麦、稻谷、荞麦、小麦、玉米以及禾本科和莎草科等野生植物果实和种子。

繁殖：繁殖期4—8月。营巢于山坡岩壁天然洞穴中，也筑巢在堤坝、桥梁洞穴或房檐下和墙壁洞穴中，也有报告称在树枝上营巢和利用啄木鸟与燕的旧巢。巢主要由枯草叶、草茎和细枝构成，内垫棕丝、羊毛、鸟类羽毛等，雌雄鸟共同参与营巢活动。

分布区与保护：山麻雀在我国分布较广，种群数量较丰富。

（34）黄头鹡鸰

学名：*Motacilla citreola*

英文名：Citrine Wagtail

系统位置：雀形目 Passeriformes　鹡鸰科 Motacillidae

基本信息：外形、大小和黄鹡鸰相似，体长15～19厘米。头、头侧和下体辉黄色。上体灰色或深灰色。尾黑褐色，两对外侧尾羽白色，翅暗褐色，具白斑。相似种黄鹡鸰头不为黄色。

生态习性：主要栖息于湖畔、河边、农田、草地、沼泽等各类生境中。常成对或成小群活动，也有单独活动的，特别是觅食时、迁徙季节和冬季，有时也集成大群。晚上多成群栖息，偶尔也和其他种鹡鸰栖息在一起。太阳出来后即开始活动，常沿水边小跑追捕猎物。栖息时尾常上下摆动。

食性：主要以鳞翅目、鞘翅目、双翅目、膜翅目、半翅目等昆虫为食。偶尔也吃少量植物性食物。

繁殖：繁殖期5—7月。通常营巢于土丘下面地上或草丛中。巢由枯草叶、草茎、草根、苔藓等材料构成，内垫有动物毛发、鸟类羽毛等柔软物质。每窝产卵4～5枚。

分布区和保护：在我国部分地区分布较广。

（35）淡腹点翅朱雀

学名：*Carpodacus verreauxii*

英文名：Sharpe's Rosefinch

系统位置：雀形目 Passeriformes　燕雀科 Fringillidae

基本信息：小型鸟类，体长13～14厘米。雄鸟具一条宽阔的辉粉红色眉纹，头顶、下体暗红褐色或紫红色，背、肩灰色，羽缘粉红色，具暗色纵纹，腰和尾上覆羽辉玫瑰粉红色，两翅和尾褐色，翅覆羽和飞羽外翈羽缘淡红色，中覆羽、大覆羽和三级飞羽尖端玫瑰粉红色，下体暗玫瑰红色。雌鸟上体赭褐色或棕灰褐色，具粗且显著的暗色纵纹，腰橙褐色，下体淡灰皮黄色，具黑褐色纵纹。

生态习性：栖息于海拔3000～4500米的高山灌丛、草地和上部针叶林中，冬季有时也下到海拔2000～3000米的针阔叶混交林、阔叶林和林缘疏林灌丛地带。常单独或成对活动，秋冬季也成3～5只或十余只的小群。性胆怯，善藏匿，较少鸣叫。

食性：以草籽、嫩叶等植物性食物为食。

繁殖：本种的繁殖情况，目前相关研究较少。繁殖期可能在4—7月。

分布区与保护：在我国分布区域狭窄，种群数量稀少，不常见。

（36）斑翅朱雀

学名：*Carpodacus trifasciatus*

英文名：Three-banded Rosefinch

系统位置：雀形目 Passeriformes　燕雀科 Fringillidae

基本信息：大型朱雀，体长17～20厘米。雄鸟前额珠白色，具红色羽缘，形成珠白色鳞状斑，脸颊、颏、喉黑色，具粗的珠白色纵纹，极为醒目。其余上体黑褐色，羽端深红色，腰粉红色，肩黑色，具一块白斑，亦甚醒目。两翅和尾黑色，内侧飞羽外翈羽缘白色，翅上小覆羽、中覆羽和大覆羽具玫瑰红色端斑。胸腹和两胁玫瑰红色，其余下体白色。雌鸟上体灰褐色沾棕，具黑褐色纵纹，头无鳞状斑，喉、胸皮黄色，具黑褐色纵纹，其余下体污灰色。特征明显，野外容易识别。我国尚未见其他与之相似种类。

生态习性：栖息于山地针叶林、针阔叶混交林和阔叶林中。在陕西秦岭，上到海拔1200米以上的高山针阔叶混交林和针叶林；在云南、四川西部和西藏，上到海拔2500～4500米的高山针叶林和稀树灌丛草地，冬季下到中低山和沟谷地带，有时也到农田、果园和居民点附近的树丛与灌丛中活动和觅食。

食性：以草籽、果实等植物性食物为食。

分布区与保护：种群数量稀少，不常见，在原来有分布的一些地方近来很难见到。

（37）藏黄雀

学名：*Carduelis thibetana*

英文名：Tibetan Siskin

系统位置：雀形目 Passeriformes　燕雀科 Fringillidae

基本信息：小型鸟类，体长10～12厘米。雄鸟上体亮黄绿色，眼先、眉纹和枕斑黄色。腰和尾上覆羽亮黄色，尾黑褐色，羽缘橄榄黄色，两翅覆羽与背同色，翅大覆羽和飞羽黑褐色，羽缘橄榄黄色。下体暗黄色。雌鸟和雄鸟相似，但羽色较暗淡，上体具暗色纵纹，下体近白色，亦具暗色纵纹。黄雀与本种很相似，但黄雀尾侧基部黄色，翅上有两道黄色翅斑，雄鸟头顶黑色，明显与之不同，且二者分布区不重叠，在野外不会混淆。

生态习性：主要栖息于高山针叶林和以针叶树为主的针阔叶混交林、绿阔叶林、桦树林和林缘地带。栖息地海拔在2000米以上，在云南玉龙雪山海拔可达3400～4000米（傅桐生等，1998），冬季迁到雪线以下的中低山地区和山脚地带。性喜成群，常数十只一起活动在松林和山边疏林灌丛中，时而飞翔于沟谷上空，时而又停歇于树顶，或在灌木枝叶间和草丛中活动和觅食。

食性：主要以植物果实、草籽为食。繁殖期间也吃部分昆虫和昆虫幼虫。

分布区与保护：藏黄雀在我国分布区域狭窄，种群数量稀少，不常见，应加以保护。

（38）小鹀

学名：*Emberiza pusilla*

英文名：Little Bunting

系统位置：雀形目 Passeriformes　鹀科 Emberizidae

基本信息：小型鹀类，体长12～14厘米。雄鸟头顶中央栗色或栗红色，两侧有一条宽的黑色侧冠纹，眉纹、眼先、眼周、颊、耳羽栗色，在头侧形成一块栗色斑，其余上体沙褐色，具黑褐色羽干纹，两翅和尾黑褐色，最外侧两对尾羽具楔状白斑。颏、喉栗红色或淡栗色（冬季为白色），其余下体白色，胸和两胁具黑色纵纹。雌鸟和雄鸟相似，但头顶栗色较淡，为红褐色，具黑色纵纹，其余体羽亦淡。特征明显，极易和其他鹀类相区分。

生态习性：繁殖期间主要栖息于泰加林北部开阔的苔原和苔原森林地带，特别是有稀疏杨树、桦树、柳树和灌丛的林缘沼泽、草地和苔原地带。迁徙季节和冬季，栖息于低山丘陵和山脚平原地带的灌丛、草地和小树丛中，以及农田、地边和旷野中的灌丛与树上，在长白山有时还随河谷与公路进到原始混交林和阔叶林林缘地带。除繁殖期成对或单独活动外，其他季节多成几只或十多只的小群分散活动于地上，频繁地在草丛间穿梭或在灌木低枝间跳跃，有时也栖于小树低枝上，见人立刻飞下，藏匿于草丛或灌丛中。飞翔时尾羽有规律地散开或收拢，频频露出外侧白色尾羽。鸣声响亮，清脆而婉转。

食性：主要以草籽、果实等植物性食物为食，也吃昆虫等动物性食物。除吃草籽、谷子、糜子和灌木浆果等植物性食物外，还吃鞘翅目、膜翅目、半翅目、鳞翅目等昆虫、昆虫幼虫和卵。

繁殖：主要在西伯利亚北部苔原繁殖，少量在森林苔原地带繁殖，部分在泰加林北部林缘地带繁殖。繁殖期6—7月。5月中下旬到达繁殖地，在迁徙途中雄鸟即开始鸣叫求偶，到达繁殖地后立刻开始占区并继续鸣叫。营巢于地上草丛或灌丛中，特别是在有低矮的杨树林、桦树林、玫瑰丛、柳树林的地区较多见。借助上一年的枯草和灌木枝叶的掩盖，巢很隐蔽。巢呈杯状，用枯草叶和枯草茎构成，内垫细的枯草茎叶和兽毛。每窝产卵4～6枚，偶尔多至7枚。

分布区与保护：小鹀在我国分布较广，种群数量较丰富。

2.兽纲

（1）猕猴

学名：*Macaca mulatta*

英文名：Rhesus Macaque

系统位置：灵长目 Primates　猴科 Cercopithecidae

基本信息：身长51～63厘米。头顶无"旋"毛，毛从额部往后覆盖。尾长不及头体长之半，尾毛蓬松，上面毛长4～6厘米。两颊具储存食物的颊囊。头额、颈背、肩部、臀部及前背呈暗灰褐色。后背至臀部、后肢外侧前方及尾基富有棕黄（或烟黄）色调。胸腹面淡灰色。胼胝为鲜棕红色。雄性犬齿发达，上犬齿长16～21毫米。

生态习性：主要栖息于海拔2500米以下的山地常绿阔叶林与针叶林带。经常出没于河谷两岸的密林，并喜在岸边的峭壁上或大石崖上玩耍。群栖，数量多少不等，一般为40～50只。视觉、听觉灵敏，行动敏捷，善攀援跳跃，能游泳，也会泅水过河。白天活动于林间，或在树上采食，或在地上嬉戏追逐，或互相搔痒理毛。

食性：食性杂，以野果、野菜、幼芽、嫩叶、花和竹笋为食，也食小鸟、鸟卵和昆虫等。作物成熟，也食作物。

繁殖：繁殖期不固定，孕期150～165天，多于夏季产崽，也有春秋季产崽的，每胎产1只，偶产2只。

分布区：分布于云南省内盆地四周和西南部的深丘与山地。

保护级别：CITES（华盛顿公约）已将其列入附录Ⅱ，为我国Ⅱ级重点保护野生动物。

（2）野猪

学名：*Sus scrofa*

英文名：Wild Boar

系统位置：偶蹄目 Artiodactyla　猪科 Suidae

基本信息：形似家猪，但鼻盘明显，吻部长而突出，面部斜直，头骨明显狭长，上下獠牙上翘，露出唇外；耳小而直立，四肢较短；尾细，尾端扁平；鬃毛和针毛发达；鬃毛与针毛的毛尖大多分叉；吻部为暗色，嘴角向后。整个头部毛基均为黑色，但眼睑、额和顶部毛尖淡褐色，而眼周和颊部毛尖暗褐色。颈、肩和背毛尖棕褐色。全身以黑色为主，毛尖淡褐色。尾尖黑色。额、喉黑色，胸腹部较背部毛尖稍淡。四肢黑褐色。

生态习性：多栖息于灌木丛、高草丛、阔叶林或混交林。多于夜间活动。除雄性独居外，一般结群活动。

食性：杂食性，以幼嫩树枝、果实、草根、块根、野菜、动物尸体等为食，亦取食玉米、马铃薯等农作物。

繁殖：秋季发情，次年四五月产崽，每胎产5～6头，多者可达9头。

分布区：广泛分布于盆周和山地。

（3）马麝

学名：*Moschus chrysogaster*

英文名：Alpine Musk Deer

系统位置：偶蹄目 Artiodactyla　麝科 Moschidae

基本信息：为最大的一种麝。头形狭长，吻尖，耳狭长，尾极短，大部分裸露，具尾脂腺，仅尾尖有一丛稀疏毛，毛色棕褐色或淡黄褐色，颈纹黄白色，纹的轮廓不明显。鼻端无毛，呈黑色，面颊、前额及头顶褐色，略沾青灰。耳背深灰，耳端略显黑色，耳内侧、耳缘及耳基为淡黄白色。通体毛色呈淡黄褐色，后部棕橘色较浓。从耳后、颈背到肩部，比体色稍深而黑。成体背面或有较模糊的黄色斑点。体毛基部铅灰色，向上渐转为淡褐色，接近毛尖为橘色或黄色环，毛尖褐色。体侧沙黄褐色，臀部色稍暗。雌麝尾小，尾端有毛簇，雄性呈指状而无毛，尾脂很发达。腋下、腹部，较躯体毛细长而柔，淡黄色。四肢前面似体色而稍淡；后面较深，为乌棕色或黑色。

生态习性：栖息于海拔3000～4000米的地带与针叶林镶嵌的草甸及高原灌丛、裸岩、靠山脊的灌丛或草丛等地。独栖，晨昏活动于较固定的兽径，但若有人踩过，则绕道，从不上树。

食性：以高山草类、灌丛枝叶、地衣等为食。

繁殖：冬季交配，孕期6月，每胎产1崽。

分布区：分布于云南省内西北高山、深谷及高原。

保护级别：高原特产动物，为中国特有种。CITES已将其列入该公约附录Ⅱ，为我国Ⅰ级重点保护动物。

滇藏线野生植物基本介绍

1.裸子植物

（1）大果红杉

学名：*Larix potaninii* var. *australis* A. Henry ex Handel. -Mazz.

系统位置：松科 Pinaceae 落叶松属 *Larix*

特征：本变种与红杉的主要区别在于其球果较大；种鳞多而宽大，约75枚，质地通常较厚。着生雌球花的短枝上无正常叶，仅有十余枚变型叶；短枝粗壮，顶端叶枕之间通常无毛或近无毛，稀具密毛。

生境：生长于海拔2700～4300米的地带，耐寒、喜光和耐干旱瘠薄，常与丽江云杉、高山松等混生。

分布：四川、西藏及云南。

价值：木材极耐腐，干燥及加工性能良好，切削容易，切面光滑，唯钉着力较差，为电杆、矿柱、枕木、桥梁、造船、房建之优良材料，也可用于车辆、家具、板材等。树皮含单宁15.65%，纯度68.76%，单宁主要部分属凝缩类。

植物文化

大果红杉为松科落叶松属红杉的变种，属大型落叶乔木，树高可达40米，胸径可达80厘米，是中国横断山区特有树种。

（2）油麦吊云杉

学名：*Picea brachytyla* var. *complanata* (Mast.) W. C. Cheng ex Rehder

系统位置：松科 Pinaceae　云杉属 *Picea*

特征：本变种与麦吊云杉的区别在于树皮淡灰色或灰色，裂成薄鳞状块片脱落；球果成熟前为红褐色、紫褐色或深褐色。

生境：生长在海拔2000～3800米地带。在四川西部常生于以冷杉、铁杉、云南铁杉为主的针叶树混交林中，或在局部地带形成小片纯林。

分布：云南、四川、西藏。

价值：油麦吊云杉木材坚韧，纹理细密，可作为分布区内海拔2000～3000米地带的造林树种。

植物文化

油麦吊云杉列入国务院1999年8月4日批准的《国家重点保护野生植物名录（第一批）》（II级）。

2.被子植物

双子叶植物类

（1）海仙报春

学名：*Primula poissonii* Franch.

系统位置：报春花科 Primulaceae　报春花属 *Primula*

特征：多年生草本植物，无香气，不被粉。根茎极短，向下发出一丛粗长的支根。叶丛（至少部分叶）冬季不枯萎，叶片倒卵状椭圆形至倒披针形，先端圆钝，稀具小骤尖头，基部狭窄，下延，边缘具近于整齐的三角形小牙齿；叶柄极短或与叶片近等长，具阔翅。花葶直立，具伞形花序2～6轮，每轮具3～10花；苞片线状披针形；花萼杯状，裂片三角形或长圆形，先端稍钝；花冠深红色或紫红色，冠筒口周围黄色，喉部具明显的环状附属物，冠檐平展，裂片倒心形。蒴果等长于或稍长于花萼。花期5—7月，果期9—10月。

生境：生长于阴坡或半阴环境，喜排水良好、富含腐殖质的土壤。

分布：云南、四川等。

价值：海仙报春是春天的信使，具有观赏价值，常用来美化家居环境。

植物文化

嫩黄老碧已多时，骇紫痴红略万枝。始有报春三两朵，春深犹自不曾知。——杨万里《嘲报春花》。

（2）偏花报春

学名：*Primula secundiflora* Franch.

系统位置：报春花科 Primulaceae 报春花属 *Primula*

特征：多年生草本植物。根状茎粗短，多数具肉质长根。叶通常多枚丛生；叶片矩圆形、狭椭圆形或倒披针形，先端钝圆或稍锐尖，基部渐狭窄，边缘具三角形小牙齿，齿端具胼胝质尖头，两面均疏被小腺体，中肋宽扁，侧脉纤细，有时不明显；叶柄甚短或有时与叶片近等长，具阔翅。花葶顶端被白色粉（干后常呈乳黄色）；伞形花序5～10花，有时出现第2轮花序；苞片披针形，多少被粉，开花时下弯，果时直立；花萼窄钟状，上半部分裂成披针形或三角状披针形裂片，沿裂片背面下延至基部一线无粉，染紫色，沿每2裂片的边缘下延至基部密被白粉，因而整个花萼形成紫白相间的10条纵带；花冠红紫色至深玫瑰红色，喉部无环状附属物，裂片倒卵状矩圆形；先端圆形或微具凹缺；长花柱花：雄蕊着生处略低于冠筒中部，花柱与花冠等长或微露出筒口；短花柱花：雄蕊近冠筒口着生。蒴果稍长于宿存花萼。花期6—7月，果期8—9月。

生境：生长于水沟边、河滩地、高山沼泽和湿草地。

分布：青海、四川、云南和西藏。

价值：具有观赏价值，常用来美化家居环境。

（3）中甸灯台报春

学名：*Primula chungensis* Balf. f. et Ward

系统位置：报春花科 Primulaceae　报春花属 *Primula*

特征：多年生草本植物。根茎极短，向下发出一丛粗长的支根。叶椭圆形、矩圆形或倒卵状矩圆形；叶柄不明显或长达叶片的1/4。花葶通常1枚，自叶丛中抽出，节上微被粉，具伞形花序，常2～5轮，每轮具3～12花；苞片三角形至披针形，微被粉；花梗长8～15毫米，果时弯拱上举；花萼钟状，内面密被乳黄色粉，外面微被粉或无粉，裂片三角形，锐尖；花冠淡橙黄色，喉部具环状附属物，裂片倒卵形，先端微凹，多为同型花。蒴果卵圆形，长于花萼。花期5—6月。

生境：生长于林间草地和水边。

分布：云南西北部（香格里拉）、四川西南部（木里）和西藏东南部（波密、林芝、察隅）。

植物文化

　　报春花是春天的信使。大地还未完全复苏，众芳沉寂之时，它已悄悄地开出花朵，在林缘，在溪畔，在草地上，或成丛，或成片，生机盎然，提示春天即将来临。

（4）景天点地梅

学名：*Androsace bulleyana* G. Forr.

系统位置：报春花科 Primulaceae　点地梅属 *Androsace*

特征：二年生或多年生仅结实一次的草本植物，无根状茎和根出条。莲座状叶丛单生，具多数平铺的叶；叶片匙形，近等长，近先端最阔，顶端近圆形，具骤尖头，质地厚，两面无毛，具软骨质边缘及篦齿状缘毛。花葶一至数枚自叶丛中抽出，被硬毛状长毛，近顶端尤密；伞形花序多花；苞片阔披针形至线状披针形，质地厚，边缘密被缘毛；花梗不等长，密被柔毛；花萼钟状，疏被毛，基部稍尖，分裂达中部或稍过之，裂片卵状长圆形，先端钝，边缘具较长的缘毛；花冠紫红色，喉部色较深，筒部稍短于花萼，裂片楔状倒卵形，先端微凹或具不整齐的小齿。花期6—7月。

生境：生长于海拔1800～3200米的山坡、砾石阶地和冲积扇上。

分布：云南西北部。

价值：景天点地梅是一种高档的花卉盆栽植物。与一般的花卉植物相比，它更加艳丽、有野趣，栽种起来也比平常的花卉更简单。

（5）绒毛栗色鼠尾草

学名：*Salvia castanea* f. *tomentosa* Stib.

系统位置：唇形科 Labiatae　鼠尾草属 *Salvia*

特征：多年生草本植物，叶片呈椭圆状披针形或长圆状卵圆形；轮伞花序，排列成总状或总状圆锥花序。本种为栗色鼠尾草的一变型，与栗色鼠尾草不同之处在于叶下面密被灰白绒毛。

生境：生长于海拔2500～2800米的疏林、林缘或林缘草地。

分布：云南西北部及四川西南部。

价值：以根入药，可活血、祛瘀、调经。

（6）尼泊尔黄花木

学名：*Piptanthus nepalensis* (Hook.) Sweet

系统位置：豆科 Fabaceae　黄花木属 *Piptanthus*

特征：灌木。茎圆柱形，具沟棱，被白色棉毛。叶柄上面具阔槽，下面圆凸，密被毛；托叶被毛；小叶披针形或长圆状椭圆形、线状卵形，先端渐尖，基部楔形，硬纸质，上面无毛，暗绿色，下面初被黄色丝状毛和白色贴伏柔毛，后渐脱落，呈粉白色，两面平坦，侧脉不隆起；总状花序顶生，花2~4轮，密被白色棉毛，不脱落；苞片阔卵形，先端锐尖，密被毛；萼钟形，被白色棉毛，萼齿5，上方2齿合生，三角形，下方3齿披针形，与萼筒近等长；花冠黄色，旗瓣阔心形，瓣片先端凹；子房线形，具短柄，密被黄色绢毛，胚珠2~10粒。荚果阔线形，扁平，种子4~8粒。种子肾形，压扁，黄褐色。花期4—6月，果期6—7月。

分布：西藏。

价值：可治疗皮肤病、风湿性关节炎等，果实及种子有清肝明目、利水润肠之功效。

（7）鞍叶羊蹄甲

学名：*Bauhinia brachycarpa* Wall. ex Benth.

系统位置：豆科 Fabaceae　羊蹄甲属 *Bauhinia*

特征：直立或攀缘小灌木。小枝纤细，具棱，叶纸质或膜质，近圆形，通常宽度大于长度，基部近截形、阔圆形或有时浅心形，先端2裂达中；托叶丝状早落；叶柄纤细，具沟，略被微柔毛。伞房式总状花序侧生，有密集的花十余朵；总花梗短，与花梗同被短柔毛；苞片线形，锥尖，早落；花蕾椭圆形，多少被柔毛；花托陀螺形；萼佛焰状，裂片2；花瓣白色，倒披针形，具羽状脉；能育雄蕊，通常10枚，其中5枚较长，无毛；子房被茸毛，具短的子房柄，柱头盾状。荚果长圆形，扁平；种子2~4颗，卵形，略扁平，褐色，有光泽。花期5—7月，果期8—10月。

生境：生长于海拔800~2200米的山地草坡和河溪旁灌丛中。

分布：四川、云南、甘肃、湖北。

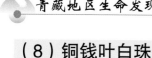

（8）铜钱叶白珠

学名：*Gaultheria nummularioides* D. Don

系统位置：杜鹃花科 Ericaceae　白珠属 *Gaultheria*

特征：常绿匍匐灌木。茎细长如铁丝状，多分枝，有棕黄色糙伏毛。叶宽卵形或近圆形，革质；叶柄短，被黄棕色糙伏毛。花单生于叶腋，下垂；花梗长约2毫米；苞片2枚，小苞片2～4枚，着生于花梗下部；花萼5裂，裂片披针形；花冠卵状坛形，粉红色至近白色，口部5裂，裂片直立；雄蕊10枚，花丝基部膨大，无毛，花药2室，每室顶部具2芒；子房无毛。浆果状蒴果球形，蓝紫色，肉质，无毛；种子小，多数。花期7—9月，果期10—11月。

生境：生长于海拔约2000米的山坡岩石上或杂木林中，常呈垫状。

分布：四川西部、云南西北部、西藏东南部。不丹、尼泊尔、印度（阿萨姆）、缅甸（北部）和印度尼西亚（苏门答腊岛、爪哇岛、巴厘岛）等亦有。

（9）岩须

学名：*Cassiope selaginoides* Hook. f. et Thoms.

系统位置：杜鹃花科 Ericaceae　岩须属 *Cassiope*

特征：常绿矮小半灌木。枝条多而密，外倾上升或铺散成垫状，无毛，密生交互对生的叶。叶硬革质，披针形至披针状长圆形，基部稍宽，2裂叉开，顶端稍钝，幼时具一长约0.75毫米的紫红色芒刺，背面龙骨状隆起，有一深纵沟槽，向上几达叶顶端，背面有光泽，无毛，腹面近凹陷，被微毛。花单朵腋生；花梗长1.5～2.2厘米，有时更短，被蛛丝状长柔毛，顶部下弯，花下垂，基部为苞片所包围；花萼5，绿色或紫红色；花冠乳白色，宽钟状，两面无毛。蒴果球形，无毛，花柱宿存。花期4—5月，果期6—7月。

生境：生长于海拔2000～4500米的灌丛或垫状灌丛草地中。

分布：四川西部、云南西北部、西藏东南部。

价值：全株可入药，又称"草灵芝"。用于治疗肝胃气痛、食欲不振、肾虚。

（10）锐齿凤仙花

学名：*Impatiens arguta* Hook. f. et Thoms.

系统位置：凤仙花科 Balsaminaceae　凤仙花属 *Impatiens*

特征：多年生草本植物，高达70厘米。茎坚硬，直立，无毛，有分枝。叶互生，卵形或卵状披针形，顶端急尖或渐尖，基部楔形，边缘有锐锯齿，侧脉7～8对，两面无毛；叶柄长1～4厘米，基部有2个具柄腺体。总花梗极短，腋生，具1～2花；花梗细长，基部常具2枚毛状苞片；花粉红色或紫红色；萼片4，外面2个半卵形，顶端长突尖，内面2个狭披针形；旗瓣圆形；翼瓣无柄，2裂；唇瓣囊状，基部延长成内弯的短距；花药钝。蒴果纺锤形，顶端喙尖。种子少数，圆球形，稍有光泽。花期7—9月。

生境：生长于海拔1850～3200米的河谷灌丛草地或林下潮湿处或水沟边。

分布：云南西北部及中部（大理、漾濞、兰坪、维西、香格里拉、贡山、鹤庆、独龙江、泸水、福贡、楚雄、景东、腾冲、镇康、凤庆等）、四川（木里）、西藏（波密、易贡、扎木、林芝、墨脱、米易、察隅）。

价值：花可入药。有通经活血、利尿之功效，可治经闭腹痛、产后瘀血、小便不利及毒痈疽等症。

植物文化

　　清代康熙皇帝命内阁学士汪灏等撰成的《广群芳谱》记述凤仙："桠间开花，头翅尾足俱翘然如凤状，故又有金凤之名。"

　　唐代诗人李贺在《宫娃歌》中写道："蜡光高悬照纱空，花房夜捣红守宫。"

　　唐代吴仁璧的《凤仙花》："此际最宜何处看，朝阳初上碧梧枝。"

　　宋代杨万里的《凤仙花》："细看金凤小花丛，费尽司花染作工。"

　　元代杨维桢、明代瞿佑、清代刘灏等均有以凤仙花为题的诗句。

（11）草莓凤仙花

学名：*Impatiens fragicolor* Marq. et Airy Shaw

系统位置：凤仙花科 Balsaminaceae 凤仙花属 *Impatiens*

特征：茎粗壮，四棱形或近圆柱形，肉质，不分枝，或有短枝，无毛，常紫色。叶具柄，下部对生，上部互生，披针形或卵状披针形。总花梗少数，生于上部叶腋，近伞房状排列，与叶等长或稍长于叶，具1～6花，花梗顶端常扩大，基部有披针形苞片，渐尖，宿存，花紫色或淡紫色；侧生萼片2，斜卵形，顶端渐尖，具短尖头，基部近心形；旗瓣心状宽卵形，翼瓣无柄；唇瓣宽漏斗状，基部有内弯的细距。蒴果长圆状线形，顶端喙尖。花期7—8月。

生境：生长于海拔3100～3900米的路边或河边草丛中或水沟边湿地上。

分布：西藏（米林、林芝、工布江达、边坝）。

价值：可人工栽培，具有较高的园艺价值。

植物文化

凤仙花，花如其名。其在百花中的地位虽不比梅、兰、竹、菊、牡丹和芍药，甚至曾被苏门四学士之一的张耒贬为"菊婢"，但凤仙花仍以其顽强的生命力和独特的风姿赢得了人们的喜爱。自古以来总有爱花之人对凤仙花情有独钟，更有文人不吝笔墨吟咏凤仙。

清人赵学敏所著《凤仙谱》是一本具有园艺特色的著作。在赵学敏的眼中，其他花草如罂粟、虞美人、鸡冠花等，"或失之期短，或失之质陋，然凤仙花无二者之病，故当为著专谱"，可见其对凤仙的喜爱之情。

（12）林芝虎耳草

学名：*Saxifraga isophylla* H. Smith

系统位置：虎耳草科 Saxifragaceae　虎耳草属 *Saxifraga*

特征：多年生草本植物。丛生，高4～20厘米。茎被褐色卷曲长腺毛。基生叶甚少，具长柄，叶片椭圆形至长圆形，两面和边缘均具长腺毛，叶柄长7～12毫米，边缘具长腺毛；茎生叶13～23枚，具柄，叶片披针形至线状长圆形，叶柄自下而上渐变短，边缘具长腺毛。聚伞花序伞房状，具3～6花；花梗长9～9.3毫米，被黑褐色长腺毛；萼片在花期直立，卵形至狭卵形，先端急尖，腹面无毛，背面和边缘具褐色腺毛，3～5脉于先端不汇合、半汇合至汇合；花瓣黄色，近椭圆形，先端微凹，基部心形至近截形，5～8脉，具4～8痂体；雄蕊长4～5毫米，花丝钻形；子房近上位，卵球形，花柱2，柱头明显。花、果期7—10月。

生境：生长于海拔3700～4700米的林缘、灌丛、高山草甸和岩隙。

分布：西藏（墨脱、林芝）。

（13）山溪金腰

学名： *Chrysosplenium nepalense* D. Don

系统位置： 虎耳草科 Saxifragaceae　金腰属 *Chrysosplenium*

特征： 多年生草本植物，高5.5～21厘米；不育枝出自叶腋。花茎无毛。叶对生，叶片卵形至阔卵形；叶柄长0.2～1.5厘米，腹面和叶腋部具褐色乳头状突起。聚伞花序，具8～18花；苞叶阔卵形，边缘具5～10圆齿，基部通常宽楔形，稀偏斜形，苞腋具褐色乳头状突起；花黄绿色；花梗无毛；萼片在花期直立，近阔卵形，先端钝圆，无毛；雄蕊8，长0.5～1.3毫米；子房近下位，花柱长约0.2毫米；无花盘。蒴果，2果瓣近等大，喙长约0.4毫米；种子红棕色，椭球形，光滑无毛。花、果期5—7月。

生境： 生长于海拔1550～5850米的林下、草甸或石隙。

分布： 我国四川、云南和西藏，缅甸北部、不丹、尼泊尔和印度北部均有。

价值： 全草入药，可平息、引吐和泻出胆热。

（14）云南山梅花

学名：*Philadelphus delavayi* L. Henry

系统位置：虎耳草科 Saxifragaceae　山梅花属 *Philadelphus*

特征：植株小，枝灰棕色或灰色。叶长圆状披针形或卵状披针形，先端渐尖，稀急尖，基部圆形或楔形，边缘具细锯齿或近全缘。总状花序；花萼紫红色或红褐色，外面无毛，常具白粉；裂片卵形，先端急尖；花冠盘状，花瓣白色，近圆形或阔倒卵形；雄蕊30～35，花药长圆形，花盘和花柱无毛；花柱上部稍分裂或不分裂。蒴果倒卵形。花期6—8月，果期9—11月。

生境：生长于海拔700～3800米的林中或林缘。

分布：四川、云南和西藏。

价值：具有活血止痛之功效，还可用于治疗跌打损伤、腰肋疼痛。

（15）岩白菜

学名：*Bergenia purpurascens* (Hook. f. et Thoms.) Engl.

系统位置：虎耳草科 Saxifragaceae　岩白菜属 *Bergenia*

特征：多年生草本植物，高13～52厘米。根状茎粗壮，被鳞片。叶均基生；叶片革质，倒卵形、狭倒卵形至近椭圆形，稀阔倒卵形至近长圆形；叶柄长2～7厘米，托叶鞘边缘无毛。花葶疏生腺毛。聚伞花序圆锥状；托杯外面被具长柄之腺毛；萼片革质，近狭卵形；花瓣紫红色，阔卵形；雄蕊长6～11毫米；子房卵球形，花柱2。花、果期5—10月。

生境：生长于海拔2700～4800米的林下、灌丛、高山草甸和高山碎石隙。

分布：我国四川西南部、云南北部及西藏南部和东部，缅甸北部、印度东北部、不丹北部、尼泊尔也有。

价值：根状茎或全草入药。夏秋采集，可清热解毒、止血、调经。服用可治疗肺结核咳嗽、咯血、便血、肠炎、痢疾、功能性子宫出血、白带不正常、月经不调；外用治黄水疮。

（16）锦葵

学名：*Malva cathayensis* M. G. Gilbert, Y. Tang et Dorr

系统位置：锦葵科 Malvaceae　锦葵属 *Malva*

特征：多年生直立草本植物。叶圆心形或肾形，具5～7圆齿状钝裂片，基部近心形至圆形，边缘具圆锯齿；叶柄近无毛，但上面槽内被长硬毛；托叶偏斜、卵形、具锯齿，先端渐尖。花簇生，花梗无毛或疏被粗毛；小苞片长圆形，先端圆形，疏被柔毛；花紫红色或白色，花瓣5，匙形，先端微缺，爪具髯毛；雄蕊被刺毛，花丝无毛；花柱被微细毛。果扁圆形；种子黑褐色，肾形。花期5—10月。

分布：我国南北均产，多栽培，偶有逸生。

价值：园林观赏、地植或盆栽。花、叶和茎入药，具有利尿通便、清热解毒之功效，常用于治疗大小便不畅、带下、淋巴结核、咽喉肿痛。

植物文化

《尔雅》中有锦葵古名——"荍"。如《诗经》的《东门之枌》：东门的大榆树下，宛丘的大柞树下，少女翩翩起舞。少年走过去，看着少女，"视尔如荍，贻我握椒"——你真美，美得像锦葵花！三国的陆玑《诗疏》说它又名荆葵，"可食，微苦"。

（17）抽莛党参

学名：*Codonopsis subscaposa* Kom.

系统位置：桔梗科 Campanulaceae　党参属 *Codonopsis*

特征：茎基具多数瘤状茎痕，根常肥大呈圆锥状，长15～20厘米，直径0.5～1厘米，表面灰黄色，上端1～2厘米部分有稀疏环纹，下端则疏生横长皮孔。茎直立，长40～100厘米，直径3～4毫米。叶在主茎上的互生，在侧枝上的对生，多聚集于茎下部，至上端则渐趋稀疏而狭小，并过渡为条状苞片；叶柄长2～10厘米，疏生柔毛；叶片卵形或披针形，长2～13厘米，宽1.5～5厘米。花顶生或腋生，常1～4朵着生于茎顶端，呈花莛状；花具长梗；花萼贴生至子房中部，筒部半球状，具10条明显的辐射脉，疏生柔毛，裂片间湾缺宽钝；花冠阔钟状，5裂几近中部，长1.5～3厘米，直径2～4厘米，黄色而有网状红紫色脉或红紫色而有黄色斑点，内外无毛或裂片顶端略有疏柔毛；雄蕊无毛，花丝基部微扩大。蒴果下部半球状，上部圆锥状。种子卵状、无翼、细小、棕黄色、光滑无毛。花、果期7—10月。

生境：生长于海拔2500～4200米的山地草坡或疏林中。

分布：云南香格里拉、四川西部。

价值：传统常用中药，味甘性平，能补中益气、健脾益肺，用于治疗脾肺虚弱、气短心悸、食少便溏、虚喘咳嗽、内热消渴等，并常作为人参的替代品。

（18）鸡蛋参

学名：*Codonopsis convolvulacea* Kurz

系统位置：桔梗科 Campanulaceae　党参属 *Codonopsis*

特征：茎基极短而有少数瘤状茎痕。根块状，近于卵球状或卵状，表面灰黄色，上端具短细环纹，下部则疏生横长皮孔。茎缠绕或近于直立，不分枝或有少数分枝，长可达1米多。叶互生或有时对生，均匀分布于茎上或密集地聚生于茎中下部，叶形及其质地变异较大。花单生于主茎及侧枝顶端；花梗无毛；花萼贴生至子房顶端，裂片上位着生，筒部倒长圆锥状，裂片狭三角状披针形；花冠辐状而近于5全裂，裂片椭圆形，淡蓝色或蓝紫色，顶端急尖；花丝基部宽大，内密被长柔毛，上部纤细。蒴果上位部分短圆锥状，下位部分倒圆锥状，有10条脉棱，无毛。种子极多，长圆状、无翼、棕黄色、有光泽。花、果期7—10月。

生境：生于海拔1000～3000米的草坡或灌丛中，缠绕于高草或灌木上。

分布：我国云南、四川，缅甸也有。

价值：有补养气血、健脾、生津清热之功效。用于治疗感冒等引起的食欲不振、营养不良。

（19）丝裂沙参

学名：*Adenophora capillaris* Hemsl.

系统位置：桔梗科 Campanulaceae　沙参属 *Adenophora*

特征：多年生草本植物。根胡萝卜状，茎高可达0.5米，茎生叶顶端渐尖，全缘或有锯齿，无毛或有硬毛，花序具长分枝，常组成大而疏散的圆锥花序，少为狭圆锥花序，花萼筒部球状，花冠细，近于筒状或筒状钟形，白色、淡蓝色或淡紫色，裂片狭三角形，花盘细筒状，常无毛，蒴果多为球状。

生境：生长于海拔1400～2800米的林下、林缘或草地中。

分布：湖北西部、陕西、四川、贵州、云南等地。

价值：根入药，可清热养阴、润肺止咳。主治气管炎、百日咳、肺热咳嗽、咯痰黄稠等。

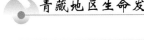

（20）菊状千里光

学名：*Jacobaen analoga* (DC.) Veldkamp

系统位置：菊科 Asteraceae　千里光属 *Jacobaea*

特征：多年生根状茎草本植物，茎单生，直立。基生叶在花期生存或凋落。基生叶和最下部茎叶具柄，卵状椭圆形至倒披针形；叶柄长达10厘米，基部扩大；中部茎叶全形长圆形或倒披针状长圆形；耳具齿或细裂，半抱茎；上部叶渐小，长圆状披针形或长圆状线形，具粗羽状齿。头状花序有舌状花，多数，排列成顶生伞房花序或复伞房花序；总苞钟状，具外层苞片；花药颈部稍伸长，向基部稍膨大。花柱分枝长1毫米，顶端截形，有乳头状毛。瘦果圆柱形。花期4—11月。

生境：生长于海拔1100～3750米的林下、林缘、开阔草坡、田边和路边。

分布：西藏、重庆、贵州、湖北、湖南、云南。

价值：全草入药，用于治疗肋下疼、跌打损伤、血瘀肿痛、痈疮肿疡、乳痈。

（21）狭叶圆穗蓼

学名：*Polygonum macrophyllum* var. *stenophyllum* (Meisn.) A. J. Li

系统位置：蓼科 Polygonaceae　萹蓄属 *Polygonum*

特征：多年生草本植物，根状茎粗壮，弯曲。茎直立，不分枝，2～3条自根状茎发出。基生叶长圆形或披针形，顶端急尖，基部近心形，边缘叶脉增厚，外卷；叶柄长3～8厘米；茎生叶较小，狭披针形或线形，近无柄；托叶鞘筒状，膜质。总状花序呈短穗状，顶生；苞片膜质，卵形，顶端渐尖，长3～4毫米，每苞内具2～3花；花梗细弱，比苞片长；花被5深裂，淡红色或白色，花被片椭圆形；雄蕊8，比花被长，花药黑紫色；花柱3，基部合生，柱头头状。瘦果卵形，具3棱，黄褐色，有光泽，包于宿存花被内。花期7—8月，果期9—10月。

生境：生长于海拔2000～4800米的山坡草地、高山草甸。

分布：陕西、甘肃、四川、云南及西藏。

价值：营养丰富，粗蛋白质含量高于一般优良的禾本科牧草。适口性好，牛、马、绵羊、山羊均喜食，是抓膘催肥的优良牧草。

（22）掌叶大黄

学名：*Rheum palmatum* Linn.

系统位置：蓼科 Polygonaceae　大黄属 *Rheum*

特征：高大粗壮草本植物，根状茎粗壮木质。茎直立中空，叶片长宽近相等，顶端窄渐尖或窄急尖，基部近心形，通常掌状5裂，每一大裂片又分为近羽状的窄三角形小裂片，基出脉多为5条，叶上面粗糙到具乳突状毛，下面及边缘密被短毛；叶柄粗壮，圆柱状，与叶片近等长，密被锈乳突状毛；茎生叶向上渐小；托叶鞘大，内面光滑，外表粗糙。大型圆锥花序，分枝较聚拢，密被粗糙短毛；花小，通常为紫红色，有时黄白色；花被片6，外轮3片较窄小，内轮3片较大；雄蕊9，不外露；花柱略反曲，柱头头状。果实矩圆状椭圆形，两端均下凹。种子宽卵形，棕黑色。花、果期6—8月。

生境：生长于海拔1500～4400米山坡或山谷湿地。

分布：云南西北部及西藏东部、甘肃、四川、青海等。

价值：根入药，味苦，性寒。可用于治疗肠胃实热便秘、积滞腹痛、湿热下痢、黄疸、水肿、牙痛、跌打损伤、烫火伤等。

植物文化

掌叶大黄有着红高粱式的、灼灼火焰似的大花朵，是生活在这块高原土地上的军人们精神的写照。

（23）柳兰

学名：*Chamerion angustifolium* (L.) Holub

系统位置：柳叶菜科 Onagraceae　柳叶菜属 *Chamerion*

特征：多年粗壮草本植物，直立，丛生；根状茎广泛匍匐于表土层，木质化，自茎基部生出强壮的越冬根出条。茎圆柱状，无毛落。叶螺旋状互生，稀近基部对生，无柄，茎下部的叶近膜质，披针状长圆形至倒卵形，常枯萎，褐色，中上部的叶近革质。花序总状，直立，无毛；苞片下部叶状，上部的很小，三角状披针形。花苞在未开放时期下垂，到开放时直立展开；花蕾倒卵状；子房淡红色或紫红色，被贴生灰白色柔毛；花管缺；萼片紫红色，长圆状披针形，先端渐狭渐尖，被灰白柔毛；粉红至紫红色，稀白色，稍不等大，上面二枚较长大；花药长圆形，初期红色，开裂时变紫红色，产生带蓝色的花粉，花粉粒常3孔；花柱开放时强烈反折，后恢复直立；柱头白色，深4裂。蒴果，密被贴生的白灰色柔毛。种子狭倒卵状，具短喙，褐色。花期6—9月，果期8—10月。

生境：生长于半开阔或开阔较湿润草坡灌丛、火烧迹地、高山草甸、河滩、砾石坡。

分布：云南西北部、西藏、黑龙江、吉林、内蒙古、河北、山西、宁夏、甘肃、青海、新疆、四川西部。

价值：为火烧后先锋植物与重要蜜源植物；开水焯后可做沙拉食用，茎叶可做猪饲料；根状茎可入药，能消炎止痛，治疗跌打损伤；全草含鞣质，可制栲胶。

（24）光籽柳叶菜

学名：*Epilobium tibetanum* Hausskn.

系统位置：柳叶菜科 Onagraceae　柳叶菜属 *Epilobium*

特征：多年生草本植物，地下茎密生纤维根，自茎基部生出短的多叶的根出条。茎高13～100厘米，粗2～7毫

米，常分枝，上部周围疏生曲柔毛，下部无毛，但棱线上疏被毛，有时棱线不明显。叶对生，花序上的互生，披针形或狭卵形；花序直立。花直立；花蕾卵状；花梗长0.4～1.2厘米；萼片长圆状披针形，龙骨状；花瓣粉红色至玫瑰紫色，稀白色，倒卵形；花丝外轮的长2.8～3.8毫米，内轮的长1～2毫米；花柱直立；柱头白色，头状至宽棍棒状。蒴果，疏被曲箸毛；果梗长0.8～2.5厘米。种子倒卵状或倒梨形，褐色，表面具网状纹饰；种缨灰白色，易脱落。花期7—9月，果期8—10月。

生境：生长于海拔2350～4500米的山坡河谷、溪沟边等湿处。

分布：四川西部、云南西北部及西藏东南至西南部。

（25）扁蕾

学名：*Gentianopsis barbata* (Froel.) Ma

系统位置：龙胆科 Gentianaceae　扁蕾属 *Gentianopsis*

特征：草本植物。茎单生，直立，近圆柱形，下部单一，上部有分枝，条棱明显，有时带紫色。基生叶多对，常早落，匙形或线状倒披针形；茎生叶3～10对，无柄，狭披针形至线形。花单生茎或分枝顶端；花梗直立，近圆柱形，有明显的条棱；花萼筒状，稍扁；花冠筒状漏斗形，筒部黄白色，檐部蓝色或淡蓝色；腺体近球形，下垂；花丝线形，花药黄色，狭长圆形；子房具柄，狭椭圆形，花柱短，子房柄长2～4毫米。蒴果具短柄，与花冠等长；种子褐色，矩圆形，表面有密的指状突起。花、果期7—9月。

生境：生长于海拔700～4400米的水沟边、山坡草地、林下、灌丛中、沙丘边缘。

分布：西南、西北、华北、东北等地区。

价值：全草入药，可清热解毒。用于治疗急性黄疸型肝炎、结膜炎、高血压、急性肾盂肾炎、疮疖肿毒。

（26）中甸翠雀花

学名：*Delphinium yuanum* Chen

系统位置：毛茛科 Ranunculaceae 翠雀属 *Delphinium*

　　特征：茎中部以上分枝。叶有长柄；叶片五角状圆形，三全裂几达基部，中央全裂片菱形，近羽状深裂，小裂片狭卵形至线状披针形，表面稍密被短柔毛，背面疏被柔毛或几无毛；下部叶的柄无毛，具狭鞘。顶生总状花序，有12～15花；基部苞片三裂，其他苞片线形至钻形；花梗斜升，无毛；小苞片披针状线形；萼片深蓝色，椭圆状卵形或椭圆形，外面密被短柔毛，距钻形，与萼片近等长；花瓣蓝色，无毛；退化雄蕊蓝色，瓣片与爪近等长，椭圆形或倒卵形，顶端微凹或二浅裂，腹面有黄色髯毛；雄蕊无毛；心皮3。花、果期7—8月。

　　生境：生长于海拔3000米的高山草地。

　　分布：云南香格里拉等地。

　　价值：耐阴性较强，花期长，是林下地被的优良花卉，可以丰富城市景观，布置花坛、花境，或在草坪、道路边缘栽植。

（27）高原唐松草

学名：*Thalictrum cultratum* Wall.

系统位置：毛茛科 Ranunculaceae　唐松草属 *Thalictrum*

特征：全株光滑。基生叶和茎下部叶在开花时枯萎。茎中部叶有短柄，为三至四回羽状复叶；小叶薄革质，稍肉质，菱状倒卵形、宽菱形或近圆形，顶端常急尖，基部钝或浅心形，三浅裂，裂片全缘或有2小齿，表面脉下陷，背面有白粉，脉隆起，脉网明显。圆锥花序；花梗细；萼片4，绿白色，狭椭圆形，脱落；雄蕊多数，花药狭长圆形，顶端有短尖头，花丝丝形；心皮4～9，柱头狭三角形。瘦果扁，半倒卵形，有8条纵肋。花、果期6—8月。

生境：生长于海拔1700～3800米的山地草坡、灌丛中或沟边草地。

分布：云南西北部、西藏南部、四川西部、甘肃南部。

价值：根含小檗碱，可做黄连的替代品。清热燥湿，泻火解毒。

（28）甘青铁线莲

学名： *Clematis tangutica* (Maxim.) Korsh.

系统位置： 毛茛科 Ranunculaceae　铁线莲属 *Clematis*

特征： 落叶藤本植物。主根粗壮，木质。茎有明显的棱，幼时被长柔毛，后脱落。一回羽状复叶，有5～7小叶；小叶片基部常浅裂或深裂，侧生裂片小，中裂片较大，卵状长圆形、狭长圆形或披针形；花单生，有时为单聚伞花序；花序梗粗壮，有柔毛；萼片4，黄色外面带紫色，斜上展，狭卵形、椭圆状长圆形；花丝下面稍扁平，被开展的柔毛，花药无毛；子房密生柔毛。瘦果倒卵形，有长柔毛，宿存花柱长达4厘米。花期6—9月，果期9—10月。

生境： 生长于高原草地或路边灌丛等地。

分布： 新疆、西藏、四川西部、青海、甘肃南部和东部、陕西。

价值： 全株入药，可解毒化湿，主治食积不化、腹痛腹泻、湿疮等。

（29）丽江山荆子

学名： *Malus rockii* Rehd.

系统位置： 蔷薇科 Rosaceae　苹果属 *Malus*

特征： 乔木，枝多下垂；小枝圆柱形，嫩时被长柔毛，逐渐脱落。叶片椭圆形，先端渐尖，基部圆形或宽楔形，边缘有不等的紧贴细锯齿，上面中脉稍带柔毛，下面中脉、侧脉和细脉上均被短柔毛；叶柄有长柔毛；托叶膜质，披针形，早落。近似伞形花序，具花4～8朵，花梗被柔毛；苞片膜质，披针形，早落；花瓣倒卵形，白色，基部有短爪；雄蕊25，花丝长短不等，长不及花瓣之半；花柱4～5。基部有长柔毛，柱头扁圆，比雄蕊稍长。果实卵形或近球形，红色，萼片脱落很迟，萼洼微隆起；果梗有长柔毛。花期5—6月，果期9月。

生境： 生长于海拔2400～3800米的山谷杂木林中。

分布： 云南西北部、四川西南部和西藏东南部。

价值： 根系发达，生长快，与苹果、花红嫁接亲和力较强，是中国寒冷地区的主要砧木。木材可制作农具、家具并可作为细木工用材。果能酿酒，叶及树皮含鞣质，可提取栲胶。

植物文化

别名丽江山定子、喜马拉雅山定子、喜马拉雅山荆子、察巴兴、都里几布。

（30）西藏蔷薇

学名： *Rosa tibetica* Yü et Ku

系统位置： 蔷薇科 Rosaceae　蔷薇属 *Rosa*

特征： 常绿矮小半灌木，高5～25厘米；枝条多而密，外倾上升或铺散呈垫状，无毛。叶硬革质，披针形至披针状长圆形，基部稍宽，2裂叉开，顶端稍钝，幼时具1长达0.75毫米的紫红色芒刺，背面龙骨状隆起，有1深纵沟槽，向上几达叶顶端，背面有光泽，无毛，腹面近凹陷，被微毛，边缘被纤毛，以后变无毛，留下疏齿状的残余或全缘。花单朵腋生；花梗被蛛丝状长柔毛，顶部下弯，花下垂，基部为苞片所包围；花萼5，绿色或紫红色，裂片卵状披针形或披针形，无毛；花冠乳白色，宽钟状，两面无毛，口部5浅裂，裂片宽三角形；雄蕊10枚，较花冠短，花丝长5～7毫米，被柔毛。蔷果球形，无毛，花柱宿存。花期4—5月，果期6—7月。

生境： 生长于海拔2000～4500米的灌丛中或垫状灌丛草地上。

分布： 四川西部、云南西北部、西藏东南部。

价值： 果入药，主治风湿疼痛、腹胀腹痛、头晕虚弱，以及头晕目眩、神衰体虚、口干烦渴、风湿疼痛、饮食无味。

（31）扁刺峨眉蔷薇

学名：*Rosa omeiensis* f. *pteracantha* Rehd.et Wils.

系统位置：蔷薇科 Rosaceae　蔷薇属 *Rosa*

特征：直立灌木；小枝细弱，有很硬的扁刺。小叶片长圆形或椭圆状长圆形，先端急尖或圆钝，基部圆钝或宽楔形，边缘有锐锯齿，上面无毛，中脉下陷，下面无毛或在中脉有疏柔毛，中脉突起；托叶大部贴生于叶柄，顶端离生部分呈三角状卵形，边缘有齿或全缘，有时有腺。花单生于叶腋，无苞片；花梗无毛；萼片4，披针形，全缘，先端渐尖或长尾尖，外面近无毛，内面有稀疏柔毛；花瓣4，白色，倒三角状卵形，先端微凹，基部宽楔形；花柱离生，被长柔毛，比雄蕊短很多。果倒卵球形或梨形，亮红色，果成熟时果梗肥大，萼片直立宿存。花期5—6月，果期7—9月。

生境：丛中、灌木林中、路边。

分布：四川、云南、贵州、甘肃、青海、西藏。

（32）宽刺绢毛蔷薇

学名：*Rosa sericea* f. *pteracantha* Franch.

系统位置：蔷薇科 Rosaceae 蔷薇属 *Rosa*

特征：直立灌木，高1～2米；枝粗壮，弓形；皮刺散生或对生，基部稍膨大；小叶7～11枚，叶边缘仅上半部有锯齿，基部全缘；小枝被宽扁大形皮刺；花瓣白色，宽倒卵形，先端微凹，基部宽楔形；本种为绢毛蔷薇*R. sericea* Lindl. *f.sericea*的变型，与原变型的主要区别为小叶片下面被柔毛，边缘仅上半部有锯齿。

生境：生长于海拔3000～4400米的山沟、干河谷或山坡灌丛中。

分布：西藏。

（33）马蹄黄

学名：*Spenceria ramalana* Trimen

系统位置：蔷薇科 Rosaceae　马蹄黄属 *Spenceria*

特征：多年生草本植物；根茎木质，顶端有旧叶柄残痕；茎直立，圆柱形，带红褐色，不分枝，或在栽培时稍分枝，疏生白色长柔毛或绢状柔毛。基生叶为奇数羽状复叶，小叶片13～21个，常为13个，对生稀互生，纸质，宽椭圆形或倒卵状矩圆形，先端2～3浅裂，基部圆形，全缘，侧脉不显；托叶卵形；茎生叶有少数小叶片或成单叶，3裂或有2～3齿。总状花序顶生，有12～15朵花；苞片倒披针形，3浅裂或深裂，上部窄披针形，不裂；花梗直立；花瓣黄色，倒卵形，先端圆形，基部成短爪；雄蕊花丝黄色，宿存；子房卵状矩圆形，花柱2，离生，丝状，伸出花外很长。瘦果近球形，黄褐色，包在萼管内。花期7—8月，果期9—10月。

生境：生长于海拔3000～5000米的高山草原石灰岩山坡。

分布：四川、云南、西藏。

价值：根入药，可解毒消炎、收敛止血、止泻、止痢。

（34）穿心莛子藨

学名：*Triosteum himalayanum* Wall.

系统位置：忍冬科 Caprifoliaceae　莛子藨属 *Triosteum*

特征：多年生草木植物，茎高40～60厘米。叶常9～10对，基部连合，倒卵状椭圆形，顶端急尖或锐尖，上面被长刚毛，下面脉上毛较密，并夹杂腺毛。聚伞花序2～5轮在茎顶或有时在分枝上作穗状花序状；萼裂片三角状圆形，被刚毛和腺毛，萼筒与萼裂片间缢缩；花冠黄绿色，筒内紫褐色，外有腺毛，筒基部弯曲，一侧膨大成囊；雄蕊着生于花冠筒中部，花丝细长，淡黄色，花药黄色，矩圆形。果实红色，近圆形。

生境：生长于海拔1800～4100米的山坡、暗针叶林边及林下、沟边或草地。

分布：我国陕西、湖北、四川、云南和西藏，尼泊尔和印度也有分布。

价值：味苦，性寒，可利尿消肿、调经活血。治小便不通、浮肿、月经不调、劳伤疼痛。

（35）血满草

学名：*Sambucus adnata* Wall. ex DC.

系统位置：忍冬科 Caprifoliaceae　接骨木属 *Sambucus*

特征：多年生高大草本植物或半灌木；根和根茎红色，折断后流出红色汁液。茎草质，具明显的棱条。羽状复叶具叶片状或条形的托叶；小叶3～5对，长椭圆形或披针形，两边不等，边缘有锯齿，上面疏被短柔毛，脉上毛较密；小叶的托叶退化成瓶状突起的腺体。聚伞花序顶生，伞形式，具总花梗，3～5出的分枝成锐角，初时密被黄色短柔毛，多少杂有腺毛；花小，有恶臭；萼被短柔毛；花冠白色；花丝基部膨大，花药黄色；子房3室，花柱极短或几乎无，柱头3裂。果实红色，圆形。花期5—7月，果熟期9—10月。

生境：生长于海拔1600～3600米的林下、沟边、灌丛中、山谷斜坡湿地以及高山草地等处。

分布：陕西、宁夏、甘肃、青海、四川、贵州、云南和西藏等地。

价值：民间为跌打损伤药，能活血散瘀，亦可祛风湿、利尿。《西藏常用中草药》记载道："活血散瘀，强筋骨，祛风湿，利水消肿。主治风湿性关节炎，慢性腰腿痛，扭伤，血肿，水肿，骨折。"

（36）杉叶藻

学名：*Hippuris vulgaris* Linn.

系统位置：杉叶藻科 Hippuridaceae　杉叶藻属 *Hippuris*

特征：多年生水生草本植物，全株光滑无毛。茎直立，多节，常带紫红色，上部不分枝，下部合轴分枝，有匍匐白色或棕色肉质根茎，节上生多数纤细棕色须根，生于泥中。叶条形，轮生，两型，无柄。沉于水中的根茎粗大，圆柱形，茎中具多孔隙贮气组织，白色或棕色，节上生多数须根；叶线状披针形，全缘，较弯曲细长，柔软脆弱，茎中部叶最长，向上或向下渐短；露出水面的根茎较沉水叶根茎细小，节间亦短，表面平滑，茎中空隙少而小；叶条形或狭长圆形，无柄，全缘，与深水叶相比稍短而挺直，羽状脉不明显，先端有一半透明、易断离成二叉状扩大的短锐尖。花细小，两性，稀单性，无梗，单生叶腋；萼与子房大部分合生成卵状椭圆形，萼全缘，常带紫色；无花盘；雄蕊1，生于子房上略偏一侧；花丝细，常短于花柱，被疏毛或无毛，花药红色，椭圆形，"个"字着生，顶端常靠在花药背部两药室之间，两裂；子房下位，椭圆形，1室，内有1倒生胚珠，胚珠有一单层珠被，珠孔完全闭合，有珠柄，花柱宿存，针状，稍长于花丝，被疏毛，雌蕊先熟，主要为风媒传粉。果为小坚果状，卵状椭圆形，表面平滑无毛，外果皮薄，内果皮厚而硬，不开裂，内有1种子，外种皮具胚乳。花期4—9月，果期5—10月。

生境：多群生于海拔40～5000米的池沼、湖泊、溪流、江河两岸等浅水处，稻田等水湿处也有生长。

分布：东北、内蒙古、华北、西北、台湾、西南等地。

价值：鲜嫩多汁，适口性较好，是猪、牛、羊、兔、鱼、鸭、鹅等的优质青饲料，营养价值较高，粗蛋白质、维生素和矿物质含量较丰富，蛋白质的氨基酸组分齐全。

（37）桃儿七

学名：*Sinopodophyllum hexandrum* (Royle) T. S. Ying

系统位置：小檗科 Berberidaceae 桃儿七属 *Sinopodophyllum*

特征：多年生草本植物，植株高20～50厘米。根状茎粗短，节状，多须根；茎直立，单生，具纵棱，无毛，基部被褐色大鳞片。叶2枚，薄纸质，非盾状，基部心形，3～5深裂几达中部，裂片不裂或有时2～3小裂；叶柄长10～25厘米，具纵棱，无毛。花大，单生，先叶开放，两性，整齐，粉红色；萼片6，早萎；花瓣6，倒卵形或倒卵状长圆形；雄蕊6，长约1.5厘米，花丝较花药稍短；雌蕊1，子房椭圆形，1室，侧膜胎座，含多数胚珠，花柱短，柱头头状。浆果卵圆形，熟时橘红色；种子卵状三角形，红褐色，无肉质假种皮。花期5—6月，果期7—9月。

生境：生长于海拔2200～4300米的林下、林缘湿地、灌丛中或草丛中。

分布：云南、四川、西藏、甘肃、青海和陕西。

价值：本种含有木脂体类的成分，如鬼臼毒素（podophyllotoxin）、去甲鬼臼毒素（demethyl-podophyllotoxin）。根茎、须根、果实均可入药，能祛风湿，利气血、通筋、止咳；果能生津益胃、健脾理气、止咳化痰。

（38）波齿马先蒿

学名：*Pedicularis crenata* Maxim.

系统位置：玄参科 Scrophulariaceae　马先蒿属 *Pedicularis*

特征：多年生草本植物，干时不变黑色，基部多少木质化，全身密被灰色短柔毛。茎直立，叶茂密，全部茎生，叶片草质而近乎肉质，两面均密被短卷毛，线状长圆形，下部者有时卵状椭圆形。花序总状而短，生于茎枝之端，含有多花，下部有间断，上部稠密；花冠红色或紫红色，雄蕊着生于管的基部，前方一对花丝上半部中段略有疏长毛，柱头伸出盔外。花期8月。

生境：生长于海拔2600～3000米的草坡和高山草地中。

分布：云南西北部。

价值：花形奇特，花色艳丽，叶形优美，具有很高的园林观赏价值，作为亚热带高山野生花卉资源种类之一，在园林绿化中，可作为地被、草坪组花或成片栽植，尤其适合在林荫树下或高楼小区花园内种植，有较好的观赏效果。

植物文化

　　模样奇特，花冠像小鸟，有"高原上的小鸟"的美称。

（39）大王马先蒿

学名：*Pedicularis rex* C.B. Clarke ex Maxim.

系统位置：玄参科 Scrophulariaceae　马先蒿属 *Pedicularis*

特征：多年生草本植物，干时不变黑色。主根粗壮，向下，在接近地表的根茎上生有丛密细根。茎直立，有棱角和条纹。叶3～5枚而常以4枚轮生，叶片羽状全裂或深裂，变异也极大，裂片线状长圆形至长圆形，缘有锯齿。花序总状，花无梗；花冠黄色，直立，在萼内微微弯曲使花前俯，盔背部有毛，先端下缘有细齿1对，下唇以锐角开展，中裂小；雄蕊花丝两对均被毛；花柱伸出于盔端。蒴果卵圆形，先端有短喙；种子具浅蜂窝状孔纹。花期6—8月，果期8—9月。

生境：生长于海拔2500～4300米的空旷山坡、草地与稀疏针叶林中。

分布：四川西南部、云南东北部及西北部。

价值：根入药，又称还阳草根，具有补气益血、健脾利湿之功效。

（40）管花马先蒿

学名：*Pedicularis siphonantha* Don

系统位置：玄参科 Scrophulariaceae　马先蒿属 *Pedicularis*

特征：多年生草本植物。主根为圆锥状；根茎短，常有少数宿存鳞片。叶基出与茎生，均有长柄；叶片披针状长圆形至线状长圆形，极少为卵状椭圆形；花全部腋生，在主茎上常直达基部而很密，在侧茎上则下部之花很疏远而使茎裸露；苞片完全叶状，向上渐小，几光滑或有长缘毛；萼多少圆筒形，有毛；花冠玫瑰红色，管长多变；雄蕊着生于管端，前方1对花丝有毛；柱头在喙端伸出。蒴果卵状长圆形。

生境：生长于海拔3500～4500米的高山湿草地中。

分布：东起喜马拉雅山脉，西到尼泊尔中部，我国西藏南部与尼泊尔交界区的珠穆朗玛峰向东至昌都地区南部均有分布。

价值：全株入药，临床用于治疗风湿性关节炎疼痛、疥疮、尿路结石致小便排泄不畅等。

（41）红毛马先蒿

学名：*Pedicularis rhodotricha* Maxim.

系统位置：玄参科 Scrophulariaceae　马先蒿属 *Pedicularis*

特征：多年生草本植物。深入地下的根茎未见，鞭状根茎很长，顶端连接于生有须状丛根的根颈之上。茎基偶有鳞片状叶数枚，生有排列成条的毛。叶下部者有柄而较小，中部者最大，有短柄或多少抱茎，线状披针形，偶为披针状长圆形。花序头状至总状，花多密生，偶亦稀疏；苞片叶状而小，基部很宽，无毛；花紫红色；萼钟形，带紫红色；花冠之管略与萼等长，无毛，下唇极宽阔；喙长4～5毫米，端有凹缺；花柱伸出喙外约4毫米，向内弓曲。花、果期6—8月。

生境：生长于海拔2660～4000米的高山草地。

分布：四川西部与云南西北部。

价值：全株入药，用于治疗风湿性关节炎疼痛、尿路结石、小便不利、妇女白带异常、疥疮。

（42）三色马先蒿

学名： *Pedicularis tricolor* Hand.-Mazz.

系统位置： 玄参科 Scrophulariaceae　马先蒿属 *Pedicularis*

特征： 一年生草本植物。根多肉质，圆柱形。茎分歧多，单出或多条。茎生叶1对与苞片对生。自基部即生花，叶基生者多数，叶披针形。二回羽状深裂。上下面绿色，无毛。花多达15枚，花序下部与花间隔长，上部与花间隔短。花冠唇形、花黄色，近缘处带白色，分裂至2/3成为3裂，雄蕊着生于管口，亚等长，两对均有毛；子房近端处有长硬毛，花柱伸出喙外。果卵形。花期7—9月，果期9—10月。

生境： 生长于海拔3600米的高山草地。

分布： 云南西北部。

价值： 为高山草原野生花卉，成片分布，观赏价值较高。

（43）毛蕊花

学名：*Verbascum thapsus* Linn.

系统位置：玄参科 Scrophulariaceae　毛蕊花属 *Verbascum*

特征：二年生草本植物，高达1.5米，全株被密而厚的浅灰黄色星状毛。基生叶和下部的茎生叶倒披针状矩圆形，基部渐狭成短柄状，边缘具浅圆齿，上部茎生叶逐渐缩小而渐变为矩圆形至卵状矩圆形，基部下延成狭翅。穗状花序圆柱状，结果时还可伸长和变粗，花密集，数朵簇生在一起，花梗很短；花萼长约7毫米，裂片披针形；花冠黄色；雄蕊5，后方3枚的花丝有毛，前方2枚的花丝无毛，花药基部多少下延而呈"个"字形。蒴果卵形，约与宿存的花萼等长。花期6—8月，果期7—10月。

生境：生长于海拔1400～3200米的山坡草地、河岸草地。

分布：广布于北半球，我国新疆、西藏、云南、四川均有分布。

价值：全株入药。夏秋采收，可清热解毒、止血散瘀。主治肺炎、慢性阑尾炎、疮毒、跌打损伤、创伤出血。

（44）盾基冷水花

学名：*Pilea insolens* Wedd.

系统位置：荨麻科 Urticaceae　冷水花属 *Pilea*

特征：草本植物，无毛，具匍匐茎。茎肉质，柔软，节间疏长，几不分枝。叶膜质，叶片稍不对称，卵形；托叶三角状卵形，宿存。花序雌雄异株或同株；花序圆锥状，单生于叶腋，纤细，花稀疏地生于花枝上；苞片三角状卵形。雄花淡黄色；花被片4，合生至中部，卵形；雄蕊4；退化雌蕊极小，圆锥形。雌花小；花被片3，不等大。瘦果卵球形，稍扁，顶端稍偏斜。花期6—8月，果期9—10月。

生境：生长于海拔1600～2700米的山谷常绿和阔叶落叶混交林下或灌丛下阴湿处，有时长在树干的苔藓上。

分布：我国西藏东南部，不丹、印度东北部也有分布。

（45）滇紫草

学名：*Onosma paniculatum* Bur. et Franch.

系统位置：紫草科 Boraginaceae　滇紫草属 *Onosma*

特征：二年生草本植物，稀多年生，干后变黑。茎单一，不分枝，上部叶腋生花枝，被伸展的硬毛及稠密的短伏毛，硬毛具基盘。基生叶丛生，线状披针形或倒披针形，先端渐尖，基部渐狭成柄；茎中部及上部叶逐渐变小，披针形或卵状三角形，抱茎或稍抱茎。花序生茎顶及腋生小枝顶端，花后伸长呈总状，集为紧密或开展的圆锥状花序；苞片三角形；花梗细弱；花萼果期增大；花冠蓝紫色，后变暗红色，筒状钟形，裂片小，宽三角形，边缘反卷，花冠外面密生向上的伏毛，内面仅裂片中肋有1列伏毛；花药侧面结合，花丝下延，被毛，着生距花冠基部；腺体密生长柔毛。小坚果暗褐色，无光泽，具疣状突起。花、果期6—9月。

生境：生长于海拔2000～3200米的干燥山坡及松栎林林缘。

分布：我国四川、云南及贵州。不丹等国也有分布。

价值：可益气补中、解毒清热、凉血止血。

（46）微孔草

学名：*Microula sikkimensis* (Clarke) Hemsl.

系统位置：紫草科 Boraginaceae　微孔草属 *Microula*

特征：茎高6～65厘米，直立或渐升，常自基部起有长或短的分枝，或不分枝，被刚毛，有时还混生稀疏糙伏毛。基生叶和茎下部叶具长柄，卵形至宽披针形。花序密集；花梗短，密被短糙伏毛；花萼长约2毫米，果期长达3.5毫米，5裂近基部，裂片线形或狭三角形，外面疏被短柔毛和长糙毛，边缘密被短柔毛，内面有短伏毛；花冠蓝色或蓝紫色。小坚果卵形，有小瘤状突起和短毛，背孔位于背面中上部，狭长圆形，着生面位腹面中央。花期5—9月。

生境：生长于海拔3000～4500米的山坡草地、灌丛下、林边、河边多石草地。

分布：陕西西南部、甘肃、青海、四川西部、云南西北部、西藏东部和南部。

价值：传统藏药，全草可治疗眼疾、痘疹等。微孔草种子中含有18种氨基酸，其中人体必需氨基酸含量达39.74%；富含矿物质；微孔草中的粗蛋白含量达23.96%，药理试验已证实微孔草植物油可明显降低血清胆固醇、甘油三酯及血清丙二醛的含量，具有防止血脂沉积、动脉粥样硬化，维持生物膜和血管内膜结构完整和降低血脂等功能。

（47）澜沧黏腺果

学名：*Commicarpus lantsangensis* D. Q. Lu

系统位置：紫茉莉科 Nyctaginaceae　黏腺果属 *Commicarpus*

特征：半灌木。枝圆柱形，劲直，带白色，皮纵裂，新枝有细纵条纹，被腺毛，有浅褐色或黑色点，节间长。叶片稍肉质，三角状宽卵形，顶端急尖，基部楔形，全缘，叶脉显，下面带灰白色，几无毛，稀沿脉有腺毛。伞形花序顶生或腋生，常具4～6花，稀单个腋生；花序梗劲直，带紫色；花梗劲直；花被紫红色，在子房之上缢缩，下部管状，包着子房，上部漏斗状，顶端5裂，裂片三角形，有针状结晶；雄蕊3，伸出，花药圆形，花丝线形，基部宽，合生；子房纺锤形，花柱细长，伸出，柱头盾状。果实棍棒状，长7毫米，顶端平截，具10条纵棱，棱上有瘤状腺体，果熟时下垂；种子未见。花期6月，果期8月。

生境：生长于海拔2300～3000米的干热河谷、路旁石缝中。

分布：四川、云南和西藏。

单子叶植物类

（1）宝兴百合

学名：*Lilium duchartrei* Franch.

系统位置：百合科 Liliaceae　百合属 *Lilium*

特征：鳞茎卵圆形，具走茎；鳞片卵形至宽披针形，白色。茎有淡紫色条纹。叶散生，披针形至矩圆状披针形，两面无毛，具3～5脉，有的边缘有乳头状突起。花单生或数朵排成总状花序或近伞房花序、伞形总状花序；苞片叶状，披针形；花下垂，有香味，白色或粉红色，有紫色斑点；花被片反卷，蜜腺两边有乳头状突起；花丝无毛，花药窄矩圆形，黄色；子房圆柱形；花柱长为子房的2倍或更长，柱头膨大。蒴果椭圆形。种子扁平。花果期7—9月。

生境：生长于海拔2300～3500米的高山草地、林缘或灌木丛中。

分布：四川、云南、西藏和甘肃。

价值：主要用于观赏，是很重要的切花品种之一。

植物文化

百合花的种头由近百块鳞片抱合而成，古人视为"百年好合""百事合意"的吉兆；百合花被誉为"云裳仙子"。

（2）大百合

学名：*Cardiocrinum giganteum*（Wall.）Makino

系统位置：百合科 Liliaceae　大百合属 *Cardiocrinum*

特征：小鳞茎卵形，干时淡褐色。茎直立，中空，无毛。叶纸质，网状脉；基生叶卵状心形或近宽矩圆状心形，茎生叶卵状心形，叶柄长15～20厘米，向上渐小，靠近花序的几枚为船形。总状花序有花10～16朵，无苞片；花狭喇叭形，白色，里面具淡紫红色条纹；花被片条状倒披针形；雄蕊长6.5～7.5厘米，长约为花被片的1/2；花丝向下渐扩大，扁平；花药长椭圆形；子房圆柱形；花柱长5～6厘米，微3裂。蒴果近球形，红褐色，具6钝棱和多数细横纹，3瓣裂。种子呈扁钝三角形，红棕色，周围具淡红棕色半透明的膜质翅。花期6—7月，果期9—10月。

生境：生长于海拔1450～2300米的林下草丛中。

分布：我国西藏、四川、陕西、湖南和广西。也分布于印度、尼泊尔、不丹等。

价值：鳞茎入药，可清热止咳、宽胸利气。用于治疗肺痨咯血、咳嗽痰喘、小儿高烧、胃痛及反胃、呕吐。也可作盆栽观赏，点缀居室。

（3）木里韭

学名： *Allium hookeri* var. *muliense* Airy Shaw

系统位置： 百合科 Liliaceae 葱属 *Allium*

特征： 鳞茎圆柱状，具粗壮的根；鳞茎外皮白色，膜质，不破裂。叶条形至宽条形，稀为倒披针状条形，具明显的中脉。花葶侧生，圆柱状，或略呈三棱柱状，下部被叶鞘；总苞2裂，常早落；伞形花序近球状，多花，花较密集；小花梗纤细，近等长，基部无小苞片；花白色，星芒状开展；花被片等长，披针形至条形；先端渐尖或不等的2裂；花丝等长，比花被片短或近等长，在最基部合生并与花被片贴生；子房倒卵形，基部收狭成短柄，外壁平滑，每室1胚珠；花柱比子房长；柱头点状。花、果期7—9月。

生境： 生长于海拔1500～4000米的湿润山坡或林下。

分布： 四川、云南西北部、西藏东南部。

价值： 本变种植株为野生蔬菜，可食用，可做腌菜，亦可做饲料。

（4）波密斑叶兰

学名： *Goodyera bomiensis* K. Y. Lang

系统位置： 兰科 Orchidaceae　斑叶兰属 *Goodyera*

特征： 植株高19～30厘米。根状茎短。叶基生，密集呈莲座状，5～6枚，叶片卵圆形或卵形，质地较厚，干时两面具明显的皱褶，或较薄，两面无皱褶，上面绿色，具由不均匀的细脉和色斑连接成的白色斑纹，背面淡绿色；叶柄极短。花茎细长，被棕色腺状柔毛，总状花序，具8～20朵较密、偏向一侧的花，下部具3～5枚鞘状苞片；花苞片卵状披针形；子房纺锤形，被棕色腺状柔毛；花小，白色或淡黄白色，半张开；萼片白色或背面带淡褐色；无毛；唇瓣卵状椭圆形，基部凹陷呈囊状，较厚，内面无毛，在中部中脉两侧各具2～4枚乳头状突起，近基部具1枚纵向脊状褶片，前部舟状，先端钝，外弯；蕊柱短；蕊喙直立，2裂，裂片披针形；柱头1个，近圆形，位于蕊喙之下。花期5—9月。

生境： 生长于海拔900～3650米的山坡阔叶林至冷杉林下阴湿处。

分布： 湖北神农架、云南通海、西藏波密。

（5）大叶火烧兰

学名： *Epipactis mairei* Schltr.

系统位置： 兰科 Orchidaceae　火烧兰属 *Epipactis*

特征： 地生草本植物，根状茎粗短，茎直立，上部和花序轴被锈色柔毛，下部无毛。叶5～8枚，互生，中部叶较大；叶片卵圆形，基部延伸成鞘状，抱茎，茎上部的叶多为卵状披针形，向上逐渐过渡为花苞片。总状花序具10～20朵花，有时花更多；花苞片椭圆状披针形，下部的等于或稍长于花，向上逐渐变为短于花；花黄绿带紫色、紫褐色或黄褐色，下垂；中萼片椭圆形或倒卵状椭圆形；侧萼片斜卵状披针形或斜卵形，端渐尖并具小尖头；花瓣长椭圆形或椭圆形，先端渐尖；唇瓣中部稍缢缩而成上下唇；下唇两侧裂片近斜三角形，近直立，顶端钝圆，中央具2～3条鸡冠状褶片；褶片基部稍分开且较低，往上靠合且逐渐增高；上唇肥厚，先端急尖；蕊柱连花药长7～8毫米。蒴果椭圆状，无毛。花期6—7月，果期9月。

生境： 生长于海拔1200～3200米的山坡灌丛、草丛、河滩阶地或冲积扇。

分布： 陕西、甘肃、湖北、湖南、四川、云南、西藏。

价值： 可入药，理气活血，消肿解毒。可栽培，具有较高的园艺价值。

植物文化

　　兰花是中国最古老的花卉之一，早在帝尧之世就有种植兰花的传说。古人认为兰花"香""花""叶"三美俱全，又有"气清""色清""神清""韵清"四清，是"理想之美，万化之神奇"。

（6）缘毛鸟足兰

学名：*Satyrium ciliatum* Lindl.

系统位置：兰科 Orchidaceae　鸟足兰属 *Satyrium*

特征：株高14～32厘米，地下具块茎；块茎长圆状椭圆形。茎直立，基部具1～3枚膜质鞘，鞘的上方具1～2枚叶和1～2枚叶状鞘。叶片卵状披针形至狭椭圆状卵形。总状花序，密生20余朵或更多的花；花苞片卵状披针形，反折；花梗和子房长6～8毫米；花粉红色，通常两性，较少雄蕊退化而成为雌性；中萼片狭椭圆形，近先端边缘具细缘毛；侧萼片长圆状匙形；花瓣匙状倒披针形，先端常有不甚明显的齿缺或裂缺；唇瓣位于上方，兜状，半球形；蕊柱长约5毫米，向后弯曲；柱头唇近方形；蕊喙唇3裂。蒴果椭圆形。花、果期8—10月。

生境：生长于海拔1800～4100米的草坡、疏林或高山松林。

分布：湖南石门、四川马尔康至木里、贵州盘县、云南西部至西北部和西藏南部至东南部。

价值：益肾药，可补肾壮阳、止遗，养血安神。用于治疗肾虚腰痛、慢性肾炎、水肿、面足浮肿、头晕目眩、遗精、阳痿、疝气痛、小儿遗尿等症和强筋骨、抗疲劳。

（7）二叶舌唇兰

学名：*Platanthera chlorantha* Cust. ex Rchb.

系统位置：兰科 Orchidaceae　舌唇兰属 *Platanthera*

特征：株高30～50厘米。块茎卵状纺锤形，肉质，上部收狭细圆柱形，细长。茎直立，无毛，近基部具2枚彼此紧靠、近对生的大叶，在大叶之上具2～4枚变小的披针形苞片状小叶。总状花序具12～32朵花；花苞片披针形，先端渐尖。子房圆柱状，上部钩曲；花较大，绿白色或白色；中萼片直立，舟状，圆状心形；侧萼片张开，斜卵形；花瓣直立，偏斜，狭披针形；唇瓣向前伸，舌状，肉质；距棒状圆筒形；蕊柱粗，药室明显叉开；药隔颇宽；花粉团椭圆形，具细长的柄和近圆形的粘盘；退化雄蕊显著；蕊喙宽，带状；柱头1个。花期6—8月。

生境：生长于海拔400～3300米的山坡林下或草丛中。

分布：四川、云南、西藏、黑龙江、吉林、辽宁、内蒙古、河北、山西、陕西、甘肃、青海。

价值：全株入药，可补肺生肌，化瘀止血。用于治疗肺痨咯血、吐血、衄血；外用治创伤、痈肿、水火烫伤。

（8）西南手参

学名： *Gymnadenia orchidis* Lindl.

系统位置： 兰科 Orchidaceae 手参属 *Gymnadenia*

特征： 株高17～35厘米。块茎卵状椭圆形，肉质，下部掌状分裂，裂片细长。茎直立，较粗壮，圆柱形，基部具2～3枚筒状鞘，其上具3～5枚叶，上部具1至数枚苞片状小叶。叶片椭圆形或椭圆状长圆形。总状花序具多数密生的花，圆柱形；花苞片披针形，直立伸展；子房纺锤形，顶部稍弧曲，连花梗长7～8毫米；花紫红色或粉红色，极罕为带白色；中萼片直立，卵形；侧萼片反折，斜卵形，较中萼片稍长和宽，边缘向外卷，先端钝，具3脉，前面1条脉常具支脉；花瓣直立，斜宽卵状三角形；唇瓣向前伸展，宽倒卵形；距细而长，狭圆筒形，下垂；花粉团卵球形，具细长的柄和粘盘，粘盘披针形。花期7—9月。

生境： 生长于海拔2800～4100米的山坡林下、灌丛下和高山草地中。

分布： 陕西南部、甘肃东南部、青海南部、湖北西部（兴山）、四川西部、云南西北部、西藏东部至南部。

价值： 块茎入药，可生津、止血。用于久病体虚、肺虚咳嗽、失血、久泻、阳痿。

（9）绶草

学名：*Spiranthes sinensis* (Pers.) Ames

系统位置：兰科 Orchidaceae 绶草属 *Spiranthes*

特征：株高13～30厘米。根数条，指状，肉质，簇生于茎基部。茎较短，近基部生2～5枚叶。叶片宽线形或宽线状披针形，极罕为狭长圆形，直立伸展。花茎直立，上部被腺状柔毛至无毛；总状花序具多数密生的花，呈螺旋状扭转；花苞片卵状披针形，先端长渐尖，下部的长于子房；子房纺锤形，扭转，被腺状柔毛；花小，紫红色、粉红色或白色，在花序轴上呈螺旋状着生；萼片的下部靠合，中萼片狭长圆形，舟状；侧萼片偏斜，披针形；花瓣斜菱状长圆形；唇瓣宽长圆形，凹陷。花期7—8月。

生境：生长于海拔200～3400米的山坡林、灌丛、草地或河滩沼泽草甸。

分布：全国各地。

价值：全株入药，可滋阴益气、凉血解毒、涩精。用于治疗病后气血两虚、少气无力、气虚白带、遗精、失眠、燥咳、咽喉肿痛、缠腰火丹、肾虚、肺痨咯血、消渴、小儿暑热症；外用于毒蛇咬伤、疮肿。

（10）滇蜀无柱兰

学名：*Amitostigma tetralobum* (Finet.) Schltr.

系统位置：兰科 Orchidaceae　无柱兰属 *Amitostigma*

特征：株高7～26厘米。块茎球形或长圆形，肉质。茎纤细，直立，圆柱形，光滑，基部具2枚筒状鞘，中部或中部之下具1枚叶，在叶之上有时具1枚苞片状小叶。叶片线状披针形，直立伸展。总状花序具几朵至十余朵稍密生的花；花苞片披针形，直立伸展；子房圆柱状纺锤形，稍扭转，被细乳突；花小，淡紫色或粉红色；中萼片直立，凹陷，舟状，长圆形；侧萼片反折，斜卵形；花瓣直立，斜宽卵形；唇瓣较萼片和花瓣长而大，向前伸展，轮廓为菱状倒卵形；侧裂片张开；蕊柱粗短，直立；花药近直立，梨形，先端微凸，2室，药室倒卵形，并行；花粉团圆球形，具扁、线形的花粉团柄和粘盘，粘盘小，狭椭圆形，裸露；蕊喙小，三角形，直立；柱头2个，棒状隆起；退化雄蕊2个。花期6—8月。

生境：生长于海拔1500～2700米的山坡林下覆有土的岩石上或山坡草地。

分布：四川西南部、云南西北部至东北部。

（11）粉叶玉凤花

学名：*Habenaria glaucifolia* Bur. et Franch.

系统位置：兰科 Orchidaceae　玉凤花属 *Habenaria*

特征：块茎肉质，长圆形或卵形。茎直立，圆柱形，被短柔毛，基部具2枚近对生的叶，在叶之上无或具1～3枚鞘状苞片。叶片平展，较肥厚，近圆形或卵圆形，上面粉绿色，背面带灰白色，先端骤狭具短尖或近渐尖，基部圆钝，骤狭并抱茎，上面5～7条脉绿色。总状花序具3～10余朵花，花序轴被短柔毛；花苞片直立伸展，披针形或卵形，先端渐尖，较子房短；子房圆柱形，扭转，被短柔毛；花较大，白色或白绿色；中萼片卵形或长圆形，直立，凹陷呈舟状，先端钝，具5脉，与花瓣靠合呈兜状；侧萼片反折，斜卵形或长圆形，先端急尖，具5脉；花瓣直立，2深裂，上裂片与中萼片近等长，匙状长圆形，先端钝，具3脉，边缘具缘毛；下裂片较上裂片小而多，线状披针形，先端急尖或稍钝，边缘无缘毛；唇瓣反折；侧裂片叉开，线状披针形；中裂片线形，直，先端钝，较侧裂片稍宽；距下垂，近棒状，末端稍钝，与子房近等长；药隔极宽；柱头的突起长，披针形，伸出，并行。花期7—8月。

生境：生长于海拔2000～4300米的山坡林、灌丛或草地。

分布：陕西、甘肃、四川、贵州、云南、西藏。

价值：滋阴益气、凉血解毒、涩精。藏药称西介拉巴，块茎入药，可治阳痿。

（12）竹叶兰

学名：*Arundina graminifolia* (D. Don) Hochr.

系统位置：兰科 Orchidaceae　竹叶兰属 *Arundina*

特征：株高40～80厘米，有时可达1米以上；地下根状茎常在连接茎基部处呈卵球形膨大，貌似假鳞茎，具较多的纤维根。茎直立，常数个丛生，圆柱形，细竹竿状，通常为叶鞘所包，具多枚叶。叶线状披针形，薄革质或坚纸质；鞘抱茎。花序通常长2～8厘米，总状或基部有1～2个分枝而成圆锥状，具2～10朵花，但每次仅开1朵花；花苞片宽卵状三角形，基部围抱花序轴；花梗和子房长1.5～3厘米；花粉红色或略带紫色或白色；萼片狭椭圆形或狭椭圆状披针形；花瓣椭圆形或卵状椭圆形，与萼片近等长；唇瓣轮廓近长圆状卵形，3裂；侧裂片钝，内弯，围抱蕊柱；中裂片近方形；唇盘上有3(-5)条褶片；蕊柱稍向前弯。蒴果近长圆形。花、果期主要为9—11月，1—4月也有。

生境：生长于海拔400～2800米的草坡、溪谷旁、灌丛下或林中。

分布：浙江、江西、福建、台湾、湖南南部、广东、海南、广西、四川南部、贵州、云南和西藏东南部。

价值：全株入药，可清热解毒，可祛风除湿、止痛、利尿。用于治疗肝炎、关节痛、腰酸腿痛、胃痛、淋证、小便涩痛、脚气水肿、肺痨、牙痛、咽喉痛、感冒、小儿惊风、小儿疳积、咳嗽、食物中毒、跌伤、蛇咬伤、外伤出血。

植物文化

在中国西双版纳，当地的傣族同胞把开着美丽花朵的竹叶兰叫作"农尚嗨"，是一种尽人皆知的解毒良药。据说，有一位姑娘因食物中毒（傣语"农"）而奄奄一息，医生诊断后告诉她（傣语"尚"）用竹叶兰煮水服用就行了，姑娘服用了此药，病就好了（傣语"嗨"），竹叶兰的傣语名称由此而来。

（13）丝须蒟蒻薯

学名：*Tacca integrifolia* Ker-Gawl.

系统位置：蒟蒻薯科 Taccaceae　蒟蒻薯属 *Tacca*

特征：多年生草本植物。根状茎粗大，近圆柱形。叶片长圆状披针形或长圆状椭圆形，顶端渐尖，有时尾状，基部渐狭，楔形；叶柄基部有鞘。花葶长约55厘米；总苞片4枚，外轮2枚无柄，狭三角状卵形，内轮2枚质薄，有长柄，匙形；小苞片线形；花紫黑色，花被管长1～2厘米，花被裂片6，2轮，外轮3片，狭长圆形，内轮3片，宽倒卵形；雄蕊6，花丝短，顶部为勺状，柱头3深裂，每裂片又2裂，花柱极短，略隆起。浆果肉质，长椭圆形，具6棱，顶端有宿存的花被裂片；种子为不规则的椭圆状卵形。花、果期7—8月。

生境：生长于海拔800～850米的山坡密林下。

分布：西藏墨脱。

价值：丝须蒟蒻薯紫色花簇下面挂着长长的苞片，长度可达30厘米，就像胡须一样。花朵上方有两个浅色苞片，如蝙蝠翅膀，观赏价值高。

（14）麒麟叶

学名：*Epipremnum pinnatum* (Linn.) Engl.

系统位置：天南星科 Araceae 麒麟叶属 *Epipremnum*

特征：藤本植物，攀缘极高。茎圆柱形，粗壮，下部粗2.5～4厘米，多分枝；气生根具发达的皮孔，平伸，紧贴于树皮或石面上。叶柄长25～40厘米，上部有长2.2厘米的膨大关节；叶鞘膜质，上达关节部位，逐渐撕裂，脱落；叶片薄革质，幼叶狭披针形或披针状长圆形，基部浅心形，成熟叶宽，长圆形，基部宽心形，沿中肋有2列星散长达2毫米的小穿孔。花序柄圆柱形，粗壮，基部有鞘状鳞叶包围。佛焰苞外面绿色，内面黄色。肉穗花序圆柱形，钝。雌蕊具棱，顶平，柱头无柄，线形，纵向；胚珠2～4，着生于胎座的近基部。种子肾形，稍光滑。花期4—5月。

生境：附生于热带雨林的大树上或岩壁上。

分布：台湾、广东、广西、云南等热带地区。

价值：茎叶入药，可消肿止痛；可治跌打损伤、风湿关节痛、痈肿疮毒。

（15）西南鸢尾

学名：*Iris bulleyana* Dykes

系统位置：鸢尾科 Iridaceae　鸢尾属 *Iris*

特征：多年生草本植物。根状茎较粗壮，斜升，节密集。叶基生，条形，无明显的中脉。花茎中空，光滑。苞片膜质，绿色，边缘略带红褐色，内含花；花天蓝色；外花被裂片倒卵形，爪部楔形，具蓝紫色的斑点及条纹，内花被裂片直立，披针形或宽披针形，淡蓝紫色，花盛开时略向外倾。蒴果三棱状柱形，表面具明显的网纹；种子棕褐色，扁平，半圆形。花期6—7月，果期8—10月。

生境：生长于海拔2300～3500米的山坡草地或溪流旁的湿地。

分布：四川、云南、西藏。

价值：具有较高的园艺价值和观赏价值。

参 考 文 献

[1]廖玉麟.中国动物志·棘皮动物门·海参纲[M].北京：科学出版社，1997.

[2]中国科学院中国植物志编辑委员会.中国植物志（全套）[M].北京：科学出版社，1994.

[3]吴征镒.西藏植物志[M].北京：科学出版社，1983.

[4]张镱锂，李炳元，郑度.论青藏高原范围与面积[J].地理研究，2002，21(1):1-8.

[5]Yao T，Thompson L，Yang W，et al. Different glacier status with atmospheric circulations in Tibetan plateau and surroundings[J]. Nature Climate Change，2012(2):663-667.

[6]许力以，周谊.百科知识数据辞典[M].青岛：青岛出版社，2008.

[7]王嘉良，张继定.新编文史地辞典[M].杭州：浙江人民出版社，2001.

[8]王艺霖.青藏高原现代雪线及其影响因素分析[D].兰州：兰州大学，2010.

[9]陈蓉.青藏高原生态旅游开发研究[D].西宁：青海师范大学，2009.

[10]付伟.青藏高原地区资源可持续利用初步研究[D].兰州：兰州大学，2014.

[11]么么，卢海林.新藏线美若天堂，险如地狱[J].城市地理，2013(7):214-247.

[12]中共日喀则市委宣传部.大美日喀则[M].济南：山东人民出版社，2013.

[13]吴征镒.云南植物志：第1卷[M].北京：科学出版社，1977.

[14]中国科学院植物研究所.中国高等植物图鉴[M].北京：科学出版社，1983.

[15]杨冠松，吴富勤，申仕康，等.云南省昆明市观赏种子植物资源与多样性[J].种子，2016，35(01):56-59.

杨楠

刘虹